猶太心機

鍛鍊精準投資眼力，成為商場大戰最終贏家

Jewish Scheming

U0539642

溫亞凡、才華 著

羅斯柴爾德家族、洛克斐勒家族、希爾頓家族、摩根家族……控制著世界金融命脈的幾大望族均流著猶太人的血液，俗話說富不過三，然而這些家族卻能將財富代代承傳下去，是運氣、巧合還是猶太民族真有過人之處？

跳脫階級複製，還差一點猶太精神

崧燁文化

目錄

前言
猶太人的財富密碼之一：金錢是現實的上帝
用金錢挽回尊嚴的威爾遜 14
金錢是猶太人的保護神 16
羅斯柴爾德家族的家訓 19
猶太人的金錢觀：錢無貴賤 23
開源為本的猶太紳士 26
洛克斐勒的賺錢格言 30
花一美元就要發揮一美元百分之百的價值 33

目錄

猶太人的財富密碼之二：用腦袋去賺錢

一個猶太老闆「全額退款」的精明宣傳 38
個人成功舉辦奧運會的尤伯羅斯 40
週末自我省察「我所做過的蠢事」的猶太商人羅德爾 43
當一切快被燒毀的時候，你最應該帶走的是知識 46
一分錢不花，讓不可能的事情變成可能的林恩 49
老猶太人的兒子成功的兌現一加一大於二 52
利用短時間出奇招創富的巴納特 55
有了精明的點子後，便付諸實施的猶太富商哈同 57

猶太人的財富密碼之三：一念定乾坤

超凡的眼光源於猶太人賺錢的本能 62
把逆境當契機的猶太人蒙德 65
機遇成就巴魯克的輝煌人生 68

成功借宿的猶太人費爾南多 70
出奇招賣冷氣的猶太商人派特 74

猶太人的財富密碼之四：合約高於一切的邏輯

遵守合約不協商的猶太人約瑟夫 80
夏洛克的亡命合約 82
精於鑽合約漏洞的猶太人 85
重視合約的猶太人 88
變通合約創造價值的猶太商人 91
懷疑合約是喪失魄力的主因 94
合約的力量是猶太人的智慧箴言 96

猶太人的財富密碼之五：守住做人底線

依靠優良品德而成功的馬莎百貨 102
只拿屬於自己的 105

目錄

烤爐麵包運貨員 108
不取不義之財 111
生意場上永遠保持警惕的猶太商人 114

猶太人的財富密碼之六：與風險「親密接觸」

深知何時放棄「賺大錢的機會」的猶太巨富列宛 120
敢冒風險，卻能為公司帶來新生機的富商弗爾森 123
膽大心細，對眾多破產公司迅速出手的金融大亨摩根 125
適時放棄小藥廠而取得更大成功的猶太人詹姆士 128
將賺錢發揮到極致的大富豪洛克斐勒 131
「只要值得，不惜血本也要冒險」的哈默 133
耐心等候「危機」的猶太人羅恩斯坦 137
冬天把飲料成功賣掉的行銷奇才哈利 140

猶太人的財富密碼之七：靈、變、準的掌握資訊

發跡於掌握資訊，迅速行動的猶太企業家巴魯克 144
消息靈通堪稱先驅的羅斯柴爾德家族 146
不盲目但又很充分的相信自己預感的希爾頓 150
主動出擊，以幫人解決問題而創立資訊公司的丹尼爾 153
找到賺錢管道的斐勒 156
透過「打電話送尿布」的服務使生意越做越旺的猶太商人 159
在聊天中掌握資訊而翻身的哈默 161

猶太人的財富密碼之八：亮出你的個性

個性經營開拓新領域的費農 168
從小就會個性經營的普洛奇 171
勇於挑戰自己的賀希哈 174
建立有家庭氣氛的汽車旅館的猶太人 178

目錄

揚長避短的門德列 182
專門做一件事的奧克斯 185

猶太人的財富密碼之九：零錢硬幣也是錢

惜愛硬幣而成就事業的猶太年輕人 192
每月存一萬的哈樂德 195
不把車停在貴賓區的比爾蓋茲 198
愛惜錢財的猶太人 201
五十美分都要節約的汽車大王福特 205
因為節儉而富足的猶太人 208
從小就培養孩子節約意識的猶太人 212
現金至上的猶太富商凱爾 215

猶太人的財富密碼之十：合作使你由弱變強

合作是猶太人生存的基礎 220

善於合作的猶太兄弟萊曼 223
熱衷於借勢獲利的猶太人 226
合作的最高境界是拉協力廠商入夥 229
樂於幫助他人的猶太人 232

猶太人的財富密碼之十一：以待己之心待人

把慈善當做義務的巴菲特 236
沒有朋友，就像生活中沒有太陽 239
愛人如愛己的猶太人 242
大多數猶太人不嫌貧愛富 245

猶太人的財富密碼之十二：知識是永遠的財富

重視讀書的猶太人 250
教育是猶太人邁向成功的第一步 254
刻苦學習的猶太學者西勒爾 257

目錄

把學習當做一生的事業 260
讓知識變成財富的猶太人 263
精通語言而致富的猶太商人 267

猶太人的財富密碼之十三：做生活的智者

吃乃是猶太人的人生目的 272
猶太人的生活心態 274
深知「舌頭」是善惡之源的僕人塔拜 278
不斷激發自己潛能的猶太人保羅 281
熱愛音樂的猶太人和大衛王 286
快樂生活的萊迪亞 289

前言

猶太民族是世界上一個古老的民族，是歷史長河裡的一艘載著人類文化和精神文明的方舟，在諸個世紀裡，為世界提供了信仰和新思想，推動人類文明的進步。

猶太民族在這個星球出現的幾千年來，物換星移的時間裡，許許多多的民族在世界各個角落裡興起，雄視一方；又有更多的民族不斷在衰落，甚至消失。可是猶太民族卻一直沒有消亡，強勁的生命力對文化的傳承起到了至關重要的作用，猶太人的文化也延續了民族的命脈，為之提供了源源不絕的生命力。

猶太人歷史之悠久、文化之獨特、宗教影響之廣泛是世界上現存的任何一個民族都無法超越的。它的歷史是從伴隨人類出現而出現的，它的文化是依附猶太民族發展而發展的，它的宗教更是民族歷史和文化的投影儀，猶太人的聖經《舊約》不僅是猶太人的民族史，也是一部人類發展史。猶太教還誕生了伊斯蘭教和基督教兩大世界級宗教。在兩千年的時間裡，猶太人失去家園，流亡在地球的各個地區，飽受摧殘，猶太人不僅沒有為其他的文明所同化，更鑄就堅忍不拔的民族特性。

雖然失去了家園，為其他民族和國家排擠和迫害，猶太民族沒有讓自己的文化和血脈斷絕，反而是在艱難的時期裡發展和繁榮了自己的文明，猶太經典《塔木德》一書就是在大流亡後在異國他鄉完成的。猶太民族的生存能力和凝聚力超過了歐洲大陸的其他民族，因而能在漫長的歷史裡書寫輝煌。

歲月沉澱了智慧，殘酷的歷史和非人的磨難塑造了猶太人堅定的信念。生於苦難的猶太人在經歷種種劫難後奇蹟般的生存，憑藉智慧和毅力，成為了世界第一商人，擁有了自己的社會地位，捍衛了自己的尊嚴。

這個謎一般的民族能夠在沉默後爆發出驚世的能量，在人類文明的各個時期裡，猶太民族都做出了偉大的貢獻，涉及多個領域。在我們的生活當中，猶太文明的影響隨處可見。

猶太人那些閃光的智慧在現在的競爭激烈、物質豐富的社會裡也十分實用。本書希望透過十三條猶太人的財富密碼讓讀者更了解猶太人，從中汲取猶太人的智慧，有所收穫，成就自己的碧海藍天。

本書在編寫過程中查閱了很多猶太人的相關資料，由於編寫水準有限，書中內容並非十全十美，難免會出現紕漏，懇求大家予以批評和指正，當欣然接受，為前車之鑑。

猶太人的財富密碼之一：金錢是現實的上帝

用金錢挽回尊嚴的威爾遜

從古至今，金錢一直在社會活動中扮演著重要的角色，法力無邊，神通廣大。猶太人如是說：「富親戚乃近親，窮親戚即遠親。」猶太人幾千年悲慘的種族經歷反覆驗證了這個事實。在他們失去金錢的時候，被排擠到社會的底層，周圍的異族都歧視他們，稱他們是卑劣的「猶太鬼」，無論這些猶太人出現在什麼地方，都可能遭受侮辱和剝削。一旦這些猶太人擁有了金錢，必將像貴族一般有尊嚴有地位有品質的生活，讓那些曾經歧視他們的人羨慕嫉妒恨。

猶太人於漫長的流亡生活中覺悟了：在現實的社會裡，一文不名的人即是可憐的人，想要不為人們所可憐，必須擁有足夠讓自己活得有尊嚴有地位的錢。

在日本有個美國代表聯合國的駐軍司令部，受到最多歧視的是那些行了割禮的猶太裔士兵，他們為各路人馬所嘲諷，尊嚴碎了一地。每當白人士兵遇上猶太士兵，按照常例都會極其輕蔑的送上一句「猶太鬼」，猶太士兵無論何時何地遇上何人都可能受到羞辱，這使得猶太士兵處境很不好，但是又沒有什麼好辦法擺脫這種狀況。

猶太青年威爾遜是其中的一名低級士兵，剛到當地就被羞辱得一塌糊塗，沒有人賞識也就罷了，還被同僚排擠，受夠白眼和歧視的威爾遜開始動用他那屬於猶太人的聰明頭腦，讓日後的白人不敢再羞辱他。

白人士兵們花錢總是隨興的，沒到發薪水的時候就已經口袋空空捉襟見肘了，而威爾遜總是省吃儉用，存了一點小錢，專門借給那些沒錢花的白人士兵，附帶高額利息，必須在規定期間內連本帶利的全部歸還。白人士兵可不管利息有多少，照借不誤。

精明的威爾遜在收到利息後把這部分利息當成了下次借貸的本金，一來二去，威爾遜就存了不少的錢。至於一些沒錢還給威爾遜的人，只能眼睜睜看著威爾遜用他們抵押的物品拿出去賣錢。如此這般，不久之後，威爾遜就有了車子和房子，有了讓人羨慕的高品質生活。

而那些曾經看不起他的白人士兵面對他時，已經失去以前驕橫的姿態了，過著被剝削的日子，一蹶不振。

威爾遜華麗的逆襲告訴我們：尊嚴是要靠自己創造財富去爭取的。

猶太人把金錢當做上帝賜予的禮物，也是上帝許給祂的特選子民的祝福。猶太人對於金錢的感情極其深厚，金錢除了滿足生存生活的需求，更成為了猶太人慰藉精神的良藥，是人生的終極伴侶。

整體而言，金錢就是猶太人世俗界的上帝。

財富箴言：

金錢是上帝賜予的禮物，善待金錢，金錢的魔力無窮，心存善念，切莫淪為金錢的奴隸。

金錢是猶太人的保護神

猶太人尊金錢為世俗界的上帝，對金錢有著無比的熱愛和崇敬。金錢，作為猶太人現實面的上帝也發揮了它應有的作用，把猶太人一次次從死神屠戮的鐮刀下救了出來。

自猶太人西元前亡國到上世紀以色列建國這段歷史裡，猶太人一直在世界的角落裡流浪，命運搖擺不定，政治和宗教的迫害一浪高過一浪，在異族的國度被視為賤民和宗教異端而遭受驅逐和殘殺。在那些歲月裡，猶太人的身分是最不安全的東西，最安全的東西只有錢了，因而，猶太人唯有拚命賺錢，用錢來換取一線生存的光亮，這也許就是猶太人如此瘋狂的愛錢和賺錢的歷史真相了。

回顧猶太人的歷史，金錢在很多時候成為了他們的「保護神」。

十七世紀的歐洲出現了世界上第一個典型的資本主義國家——荷蘭。當時的荷蘭不僅沒有宗教的制約和糾紛，更不受西班牙的軍事政治的影響和管轄，獨立的荷蘭在工業革命的浪潮裡發展極為速度，經濟成長迅猛，商業發達，資本總額一度超出其他國家的總和。

西元一六五四年九月，一艘名為「五月花」的航船由巴西抵達荷屬北美殖民地的一個小行政區——新阿姆斯特丹。這裡屬於荷蘭西印度公司的前哨陣地。

「五月花」為北美帶來了第一個猶太人團體——二十三個祖籍為荷蘭的猶太人，為了逃避異端審判而來到新阿姆斯特丹。但是當他們筋疲力盡的抵達這裡時，出於宗教偏見，當地的行政長官彼得·施托伊弗桑特卻不允許他們留在當地，而是要他們繼續向前航行，並呈請荷蘭西印度公司批准驅逐這些猶太人。

但是，施托伊弗桑特沒有想到，當時的荷蘭已不是中世紀的荷蘭，猶太人也不是毫無權力和任人宰割的。這些新來的猶太人一方面據理力爭，一方面設法聯絡荷蘭西印度公司中的猶太股東。在猶太股東，也就是施托伊弗桑特的「雇主」的有力干預下（荷蘭西印度公司對猶太股東的依賴遠甚於對施托伊弗桑特的依賴），這個小行政區的行政長官不得不收回成令，准許猶太人留下，但是保留了一個條例：猶太人中的窮人不得給行政區或公司增加負擔，應由他們自己設法救濟。這個條件對猶太人來說毫無意義，因為自大流亡以來，猶太人就沒有向基督教會乞討過，他們有足夠的能力照顧好自己。這些猶太人就此定居下來，並且建立了北美洲第一個猶太社團。後來，這裡發展成了北美洲最大的猶太居住區。

諸如此般，猶太人便是利用手裡掌握的金錢打造了一把屬於猶太人的尚方寶劍，這把尚方寶劍揮向哪裡，哪裡就是迦南美地。金錢在猶太人的世界裡不只代表著財富，對於他們來說，金錢更是活命的根本，可以達成政治手段，也普渡了眾生。

在國家的正常運行中，良好的經濟基礎是很重要的，政治與經濟密不可分，經濟的發展要借助於合理的政策。在很早之前，精明的猶太人就已經意識到金錢與權力的重要性和相互轉化性，猶太人常以金錢打開政治上的局面，接著又憑藉政治上的優勢引導自身經濟的繁榮。保羅．芬德利是美國著名的政治活動家，他在他的著書《美國親以色列勢力內幕》中透露美國國會所有關於中東地區的政策行動已經為「美國以色列公共事務委員會」有效的控制，這個委員會對參議院和眾議院有著舉足輕重的影響力，任何一位議員的前途都和它有著不可思議的關係。

這顯示了美國猶太人在美國的力量，這是用金錢打造出來的政治力量。美國的六百萬猶太人只占全國人口的百分之三、投票人的百分之四，卻有著制約議員的力量，這就是依靠金錢所攫取的政治資本。

猶太人的世界觀裡，金錢散發著溫暖，金錢是讓猶太種族延續至今的聖物。在被殺戮、被驅逐、被打壓、被歧視的時候，金錢使他們活下去、重新站起來，並拾回尊嚴和人格。金錢在猶太人歷史上占有如此重要的地位，那麼猶太人把金錢奉為世俗界的上帝也是在所難免的了。

財富箴言：

愛錢但不視其為命，崇拜錢但不迷信錢，所以猶太人才能毫無顧忌的拚命賺錢、心平氣和的面對錢。這種超然的思維觀念，使得猶太人適應了財富的聚散規律，成為世界上真正偉大的商人。

羅斯柴爾德家族的家訓

羅斯柴爾德家族被譽為世界上最為古老神祕的金融家族，是一個真正的世界主人，隱藏在地球的陰暗面掌控著整個世界。在著名的《資本論》裡面，同為猶太人的馬克思有四百七十餘次提及羅斯柴爾德家族，把此家族稱作是帝國主義皇冠上的鑽石，這不表示他有多喜歡這個家族。在當時，羅斯柴爾德家族的聲望和實力很龐大，直至今日，羅斯柴爾德家族仍然是世界上首屈一指的大家族。

羅斯柴爾德家族左右著世界的黃金價格，擁有五十兆的家產，兩百年來操控著全球的經濟，暗地裡影響世界的政治經濟格局。他是華爾街最大的五家銀行的幕後老闆，也有可能是金融寡頭索羅斯的幕後老闆。這樣一個勢力龐大的世界級大家族，人們對它的了解卻是十分有限的，由於對媒體的嚴格控制和低調處世，在大眾傳媒時代裡，人們所熟知的大家族不外乎洛克斐勒家族和摩根家族。這兩個家族手裡曾經掌握著美國的兩個最大政黨，而它們曾經都屬於羅斯柴爾德家族。

「只要我能控制一個國家的貨幣發行，我不在乎誰制定法律。」邁爾．羅斯柴爾德說，這就是羅斯柴爾德家族的霸氣，這就是金錢的魔力！

眾所周知的世界首富，如六百九十億美元的卡洛斯．史林．埃盧、五百億身家的微軟公司創始人比爾蓋茲，以及世界第三的「股神」巴菲特，這些在富比士排行榜上俯視眾生的大富豪只不過是浮出水面的一小部分，那些在水面下的超級大富豪非常低調，不願被打擾的他們可以用足夠的金錢讓所有多管閒事的人閉嘴。

正是因為羅斯柴爾德家族善於隱藏自己的實力，才使得羅斯柴爾德家族長盛不衰，直至今天，還在打理著世界的銀行和金融業務。透過《貨幣戰爭》一書才開始了解該家族，以前大多數的人只知道美國的花旗銀行而不知道有羅斯柴爾德銀行，知道美元是世界流通貨幣，卻不知道美元是私人制定的貨幣，也不知道美國聯邦儲蓄銀行是私人銀行而不是國家銀行，當然，這一切皆源自羅斯柴爾德家族的手筆。

羅斯柴爾德家族是個古老傳統的猶太家族，他們的家訓中有一條如是說：「金錢一旦作響，壞話便戛然而止。」金錢真是為這個家族做了太多的好事。這個家族的成員都以家族為榮，並為自己身為猶太人而驕傲。

羅斯柴爾德家族雄霸一方，一個在金融行業工作的人，如果從來沒有聽說過「羅斯柴爾德」（Rothschild）這個名字，那就像法國人不知道拿破崙、日本人不知道德川家康一樣不可思議。我們可以肯定的是，羅斯柴爾德家族對世界的影響在過去、現在以及未來都是真實存在而又十分深遠的，難解的是羅氏家族有如此強硬的勢力，曝光度卻是如此的低，這份大隱隱於朝的能力無人可與之媲美。

羅斯柴爾德家族被稱之是用金錢征服世界的楷模，兩百多年來影響著歐洲和世界的政治經濟格局。該家族實力之強勁，聲名之顯赫，唯有上個世紀美國的甘迺迪家族與之比肩。對於羅斯柴爾德家族事業的成功，人們也有各種看法和評論，有人把它看作是猶太人智慧、財富、影響以及慈善事業的象徵，關於該家族，德國詩人海涅說過一句很經典的話：「金錢是我們這個時代的上帝，而羅斯柴爾德則是它的先知。」

羅斯柴爾德家族原本是在法蘭克福做貴族古錢幣生意的，在拿破崙戰爭期間抓住機遇大發橫財，一夕暴富，之後染指於金融行業，累積了十分可觀的財富。老羅斯柴爾德家的五個兒子，號稱羅氏五虎，紛紛在歐洲大地建立自己的金融王國，英國倫敦、德國柏林、法國巴黎、奧地利維也納等，以及遠在美國的倫敦，都有羅斯柴爾德家族的勢力，當時他們有著比歐洲各國統治者更強大的力量，金錢把他們推到時代的頂端。利用金錢，羅斯柴爾德家族在各國間打通關節、結交權貴，尋求政治帶來的巨額利益，更成為了歐洲大陸金融界的中流砥柱。

羅氏五虎以猶太人出色的處世智慧和經商祕訣，在古老的歐洲大地上演繹出一幕壯麗輝煌的家族史，也晉升為世界上一流的超級大富豪。

羅斯柴爾德家族的傳奇為眾人仰止，它是猶太人賺錢有術的傑出代表，也彰顯了猶太人的民族特性，在這麼多年輝煌的家族史中，家族成員相互支持、同舟共濟，不斷加強家族的凝聚力，讓家族生命力更加旺盛。

當世界上的反猶浪潮如洪水猛獸般襲來時，這些猶太人動用所有的能力，穩健沉著的應對，最終逢凶化吉，度過難關。尤其是在納粹分子進行較量時，依賴於智慧和手裡的財富，讓希特勒等反猶頭目無計可施。這些強大的猶太人一方面抵制那些反猶國家，不再為其貸款，進行經濟制裁；另一方面支持猶太建國提供大量援助，積極舉行慈善事業。《貝爾福宣言》是全球猶太人所稱讚的「真正的大憲章」，《貝爾福宣言》是以英國外交大臣貝爾福致函英國猶太復國主義者聯盟副主席羅斯柴爾德勳爵的形式出現的，這是屬於羅斯柴爾德家族的榮耀。

羅斯柴爾德家族現在依然在這個世界的某個角落盯著這個權力中心，或許它不像《貨幣戰爭》中描述的那樣強大，依然是存在於這個世界上最為富庶的家族之一。上個世紀的一些歐美學者也對其進行過探祕，然而在一九八〇年代，那些有關於該家族的書籍和報導全都消失得無影無蹤，它的真實情況至今仍舊是一團迷霧，無從得知。

財富箴言：

金錢可以讓說壞話的人舌頭變硬。無錢寸步難行，要想活得有尊嚴，必須擁有智慧和金錢。

猶太人的金錢觀：錢無貴賤

錢作為等價交貨的貨幣，在世界上的作用很大、用途廣泛，生活中離不開錢，它既是人們生活品質的保證，也是財富和地位的象徵。猶太人作為世界第一商人，對於金錢的追逐一直不曾懈怠，獨特的賺錢觀念，是他們富有的原因之一。

猶太人的賺錢觀念很簡單，那就是只要能賺錢，在法律允許範圍內，什麼賺錢就做什麼，絲毫不在意工作和生意的性質高低。在他們看來，錢就是錢，不會因為從一人手裡到了另一個人手裡就會有所改變，初始價值都是一樣的。善於把小錢變大錢的人才不會介意這錢從哪裡來。

猶太人不會看不起搬磚的人，也不會認為金融業、銀行業就有多高貴，在他們的金錢觀裡，錢沒有血統，不會偏向某些人，只要用心去賺錢，那就沒有什麼不可能的。再大的生意也是從小做起的，看不起做小生意的，根本無法累積資本，也就做不了大事。要把錢從別人口袋裡拿出來，又不能違法，還要讓別人心甘情願，這說明生意並不是那麼好做的，需要用方法和心思去經營，要善於抓住商機，使用高超的手段去賺錢。

某日，一位演講者要去一個公共場所做一個關於理財的演講，事先準備了一張鈔票。演講中，他掏出了一張一百美元的鈔票，揮向觀眾，問：「瞧，我手裡這一百美元，這是嶄新的一百美元，有沒有人想要？」不出意料，在場的人都舉手示意想得到這一百美元。演講者當即把這張一百美元用手狠狠的揉了起來，嶄新的紙幣變成皺巴巴的一團，然後再問觀眾：「現在還有人想得到這一百美元嗎？」所有觀眾依然將手高舉。

見此，演講者把這張紙幣置於地上，雙腳在上面踩來踩去，使這張錢變得破舊不堪。

他從地上把錢拾起來，再次問道：「現在還有人想要嗎？」

不要白不要，所有的觀眾還是舉起了手。看到預期的效果後，這位演講者開始說道：「諸位，錢在任何的時候都是錢，它的價值不會因為受到蹂躪和踐踏就會改變，它還是有用的，能夠買到你想要的東西。」

即使那張鈔票在演講者的手裡被肆意蹂躪，又髒又破，但是這樣並不打擊人們想擁有它的欲望。

金錢就是金錢，金錢的世界裡沒有國王和平民，金錢的地位不會因為它遭受過什麼變化而變化，一美元硬幣和一美元紙幣具有同樣的購買力，髒的錢和嶄新的錢也是一樣，它們還是具有相同的價值，只要價值相等，所有的錢幣都是平等的，沒有差別。

猶太人在進行經濟活動的時候，從不認為錢有高低貴賤之分。猶太人絕不會愚蠢的認為因從事的職業不夠體面而低人一等，在從事所謂的低賤職業時，他們往往也能保持很好的心態並做出一番事業。

因為猶太人不介意金錢來自何處，所以，猶太人的金錢觀念不受到世俗界的約束，只要有機遇他們就準備大撈一筆，才不管這錢賺得是否體面，在猶太人的生意理念裡，什麼生意都可以做，什麼能賺錢就做什麼，賣棺材都行。

正是因為猶太人熟知金錢的本質，所以，在他們經商過程中，貨幣只不過是賺錢工具，不具備任何感情色彩，工作也是一樣，目的也是賺錢，不應該分出高低貴賤。所做的事情，只要賺錢，並且不違法，能夠把錢從別人口袋裡挖出來就行。在商場上，猶太人對於能借助的事物是沒有什麼情感可言的，只有利益的關係。

想要賺錢，那就不能前怕狼後怕虎，更不要為原來的思想和觀點而左右，一旦拿定主意去做賺錢的行當，就是當勇者的準備。如果大家賺錢的思路都一樣，那賺大錢的會是誰？不要因為別人沒做過就不去做，這樣喪失發財的機遇是何等的不值。

在猶太人失去故國後，幾千年裡，他們漂泊在異鄉，分散在世界各個角落，猶太人已經淡忘了國籍概念，也不把政治當做要事，對於他們來說，賺錢是最重要的，一個可以依賴的生意夥伴才是應該關心的。猶太人滿世界做著買賣，與美國人做、與日本人做、與蘇聯人做、與中國人做，也與非洲人做，只要是錢就該賺，政治和國籍的界限阻擋不了猶太人追求利益的腳步，它僅僅是在提醒猶太人做生意時，注意採取不同的方式和方法區別對待。

猶太人的金錢觀裡，錢本身是沒有任何和性質和色彩的，金錢只不過是因世人所需要而出現的，所有的性質和色彩都是因人而異的，它既可以用來行善也可以用來作惡，給金錢強加定義不但浪費時間，還讓這思想限制自己賺錢的自由度。

財富箴言：

金錢平等，因此人格平等，於是懷有賺大錢的欲望才好。金錢對於所有人都是平等的，它沒有高低貴賤的差別。（《塔木德》）

開源為本的猶太紳士

猶太人認為錢是具有靈性的，對於這些救苦救難的小精靈必須要有愛惜之心，這樣它們才會靠近你，想要更接近它們就應該對它們更好，要懂得去珍惜它們，這樣它們才會和你做朋友，聚集在你的身邊，聽從你的吩咐、為你辦事。

猶太人不僅會賺錢，更會花錢，生活中既要懂得節流，也要懂得開源，這樣錢財就會將你圍繞。

週末的一天，林肯在百貨大廈前站著，大廈門前人來人往，高貴端莊的女士、西裝筆挺的紳士、匆匆忙忙的職員，都在這裡進進出出。

一縷濃郁的菸味飄了過來，林肯吸了吸鼻子，回頭望去，一位衣著考究的猶太紳士正在那邊抽著雪茄。

林肯和他的目光出現了交集，於是林肯冒昧上前打擾道：「您抽的雪茄聞起來真香，肯定不是我們這種人能抽得起的。」

「哦，沒什麼，一根才兩美元而已。」紳士不在乎的說道。

「噢，真不是我們能抽得起的，那您這一天得燒掉多少錢啊？」

「抱歉，沒算過，一天十根不算多吧？」

「啊，您這燒的真不算少。您的菸齡應該也不短吧？」

「哦，這個嘛，四十年不算短吧？」

「照您這麼抽菸，四十年的菸錢都可以把眼前這棟百貨大廈買下了。」

「哈哈，那您呢，抽菸嗎？」

「我才不抽，抽菸有害身體，還浪費錢。」

「那您買下這棟大廈了嗎？」

「您開什麼玩笑，我又不是什麼富二代，哪有錢買它呀。」

「不好意思告訴您，這棟百貨大廈給我五十年菸錢，我也不賣。」

從林肯身上發生的事情我們可以知道，錢是用來賺的，單單靠節儉是無法發大財的。要想賺錢，必須把錢用活了，開源與節儉一樣重要，無論是個人還是群體，經濟上增加收入才是致富和理財的首要任務，發掘商機和經濟熱點，保持良好的創造力，方可以賺大錢。

注重開源也注重節流，猶太人在日常生活中的節儉值得一看：

生活方面：

一、愛自己的女人，用心經營婚姻，因為離婚的代價是很大的。

二、多鍛鍊身體，少生病，醫藥費不便宜。

三、不要把自己的信用卡刷爆。

四、能買房子就盡量不租房子。

五、不到會員制的購物中心血拚。
六、買大件物品的時候先上網看看行情和報價。
七、不要常常講電話，電話費也不便宜。
消費方面：
一、買車不要買貴的，買耐用的就好。
二、吸菸有害健康，能不抽就不抽。
三、定期買人壽保險。
四、拒絕垃圾食物和不必要的咖啡。
五、每週記得用一次優惠券。
六、多在家裡吃飯。
七、上班時，每週帶便當一次。

正因為猶太人知道如何去節儉和開源，才使得他們的財富不斷累積，獲得了體面的生活，得到別人的尊敬。

財富箴言：

生財之道有萬千，其中大道是節儉，守株待兔窮度日，要想富足須開源。

洛克斐勒的賺錢格言

猶太人的經商才能很突出，他們賺錢的本領也很強，有猶太人的賺錢本領也不是天生的，而是經過後天的教育而形成的，他們之所以成功，是因為他們堅信著自己的能力。

「石油大王」洛克斐勒就是一個善於賺錢的人。洛克斐勒是一個白手起家的「企業家」，很多人都認為他的成功是一個奇蹟，但是只有洛克斐勒本人才知道，他的成功是靠自己的一步一步來實現的，為此，他也有屬於自己的致富格言。

洛克斐勒有著很獨特的人生觀和經營觀，他對賺錢的思想更有著自己的想法。他認為金錢是光明正大的賺取的，並不是偷偷摸摸的。一個企業要想成功打入市場，在人們心中的口碑是非常重要的，他提倡用正當的手段打進市場，反對不正當競爭。洛克斐勒說過：「上帝為我們創造雙腳，是要讓我們靠自己的雙腳走路。」他這句話就是說：賺錢要靠自己的雙手一步一步的製造財富，不可有投機取巧的做法。

洛克斐勒認為：「信心是成功的一半，堅持是成功的另一半。」放棄是成功最大的敵人，只要不放棄就會有出頭的一天。在通往成功的道路上，自信和堅持是不能放棄的、最重要的夥伴。

在創業之路上，不可或缺的便是機會，每個人都會有一個契機，就是看你能不能把握住這次機會。洛克斐勒的賺錢格言裡有這樣一句話：「打先鋒的是笨蛋，不管他們如何吹牛。只有看準時機的後來者才能賺大錢。」的確，不會抓住機遇，只是一味的向前衝，將很有可能衝進商業誤區，只有在恰當的時期做出相應的政策才是聰明人的做法。

他還指出，在成功後想要保持住自己的成績，那就得靠勤奮務實的工作。在成功的最初期，很多方面都還不穩定，若只因為這一點小小的成功就沾沾自喜，那成功之路也不會走得長遠。在面對成功時，需要具備一種謙虛的態度，踏踏實實的做好自己的工作，將成功長久的持續下去。

天下沒有免費的午餐，想要成功就要付出努力，想要留住成功，就要循序漸進、穩紮穩打的向前走。做事情不要急於求成，急功近利會讓我們的頭腦混亂，腳步也會變得凌亂不堪，如果一個企業被打斷了自己的規律，那麼這個企業離破產已經不遠了。所以，做任何事情都要自己思考然後再實行，這種謹慎的做法可以保住一個企業的根基。

成功來之不易，有些人在成功之前很是節儉，但是一旦變得富裕了，便開始花大錢，這樣的做法是成功者的禁忌。自古簡樸出財富，即便是成功了、有很多的金錢也不能夠驕奢淫逸。洛克斐勒曾經發生過這樣一個故事：

洛克斐勒和他的父親一起去一家飯店住宿，洛克斐勒走到前台對服務員說：「請給我一個房間。」飯店老闆恰好經過，他一下就認出了洛克斐勒，但是當他聽到洛克斐勒只要求要一個普通房間的時候很吃驚，就走過來說：「先生，您需要我們這裡的套房嗎？我們這裡的套房非常的豪華。」「不了，我只要普通房間就好了。」洛克斐勒很有禮貌的回答。飯店老闆非常不解，就對洛克斐勒說：「您那麼有錢，您的兒子也經常來我們店裡住套房的。」洛克斐勒聽後只是笑笑，便回答道：「是嗎，這有什麼可奇怪的，因為他的父親很有錢，而我的父親卻沒錢。」

洛克斐勒在事業成功之後，依然保持著節儉的作風，這也是他的企業越來越好的原因。賺錢既沒有想像中那樣容易，也沒有想像中那樣難。我們只要堅持自己的信念，保持良好的作風，有條不紊的一步一步前進，成功就在不遠處。

財富箴言：

基層是成功的奠基石，只有從最底層做起，才能夠一步一步的將整個過程走下去，這樣收穫也會更加的全面。我們在奮鬥自己的事業時，就是需要這種穩紮穩打的精神：一步一步的走下去，才會將吸收的經驗消化完全；急功近利，只會讓表面看著和諧，裡面卻是一團糟，這樣對我們的事業是非常不利的。

花一美元就要發揮一美元百分之百的價值

猶太人自古以來一直有著節儉的作風，他們的節儉展現最多的就是精打細算。猶太人的價值觀很強烈，他們若是花錢買東西，就一定要做到物有所值，對於價錢很高但使用價值不高的物品，他們是堅決不會買的。

猶太人對自己的錢財管理十分嚴格，他們只會把錢用在需要的地方，對於用不到的地方，他們是絕不會允許自己的錢從口袋裡流失。他們很清楚「支出」與「欲望」之間的利害關係，他們會控制住自己花錢的欲望，防止支出過多。

在遇到自己很想買的東西時，他們不會盲目的掏出自己的錢包，而是先衡量一下，這樣東西對自己的生活是否真的有用處，它在自己的生活中起到一個什麼作用，若是毫無用處或是只有觀賞的作用，他們就會放棄購買這些東西，即使是自己十分喜歡的也會放棄。這就是猶太人心中的「欲望」與「支出」的關係。

在猶太人的思想中，花錢就像生活，一個人生活在世界上，就要活得有自身的價值。同樣，他們每花一分錢，都會展現這一分錢百分之百的價值，他們每次花錢都會很慎重，拒絕花大量的金錢買無用的東西。他們會利用金錢——即使只有一美分，他們也不會嫌棄錢少，並且會很慎重的決定這一美分的價值。

美國克德石油公司的老闆波爾．克德就是一個十分崇尚節儉的人。有一次，美國某地區舉行了一次寵物展，克德十分喜歡狗，便也去參觀。就在他到了展廳門口時，看見門口立著一個牌子，牌子上面寫著：五點以後入場半價收費。

克德伸出手來看看自己的手錶，是四點四十分，還有二十分鐘就可以半價了。克德覺得等二十分鐘就能夠省下一半的票錢，很是值得，於是就開始在門口等。

過了二十分鐘後，他買了半價的票高高興興的進去參觀了。

有的人對克德的做法很不解，就問他：「克德先生，您的公司每年都會賺取上億元的利潤，為什麼您還要在門口等著呢？」克德笑笑說：「我是賺了很多錢，但是再多的錢也禁不住奢侈生活的消費，既然每一分錢都是我自己賺的，那麼我就要讓自己的錢發揮它應有的價值。」

克德不受金錢的支配，勇於駕馭自己的財富，崇尚節儉，這也是他富裕的原因。

節儉是一個長期的過程，並不是一時興起而發起的行為。若是想節儉的時候節儉、不想節儉的時候就隨意的花錢，那永遠也不會富裕起來。我們要想致富，就要有韌性、耐心，更要有敏銳的價值觀念。只有這樣，才能夠讓我們花出的錢得到相應的價值。

猶太人很注重享受，在享受方面，他們不會吝嗇自己的錢包。他們不會買一些次級品來使用，若是他們覺得這樣東西有用，並且一定要買，那他們寧願花錢買最好的，也不會買次級品而導致達不到預期的效果。達不到效果，就要買新的，這樣會更加浪費金錢，所以，他們享受也是在不超出金錢價值觀的情況下。

猶太富商亞凱德說：「猶太人普遍遵守的發財原則，那就是不要讓自己的支出超過自己的收入，如果支出超過收入，便是不正常的現象，更談不上發財致富了。」所以猶太人善於經商，更主要在於他們習慣了斤斤計較，而在致富的道路上，斤斤計較又是十分重要的事。一個連小的財富都不會計較的人，怎麼會擁有大的財富呢？

致富並不難，關鍵在於我們怎樣對待自己的金錢，若是你重視他，將他發揮到最高價值，那麼下一個富商就會是你；若是不衡量它的價值，總是大手大腳，那你將會離財富越來越遠。

財富箴言：

在生活中，我們要學會衡量，金錢永遠受人歡迎，很多人都很喜歡金錢。在這個競爭壓力很大的社會中，我們更不能讓自己手中的財富白白流走、給別人增加利潤。我們要善於使用手中的錢財，在使用的時候能夠計量出去之後換回的價值是多少，長期這樣算下來，我們不僅可以省下一部分錢財，還可以使自己的頭腦變得靈活，更可以養成善於理財的好習慣。

猶太人的財富密碼之二：用腦袋去賺錢

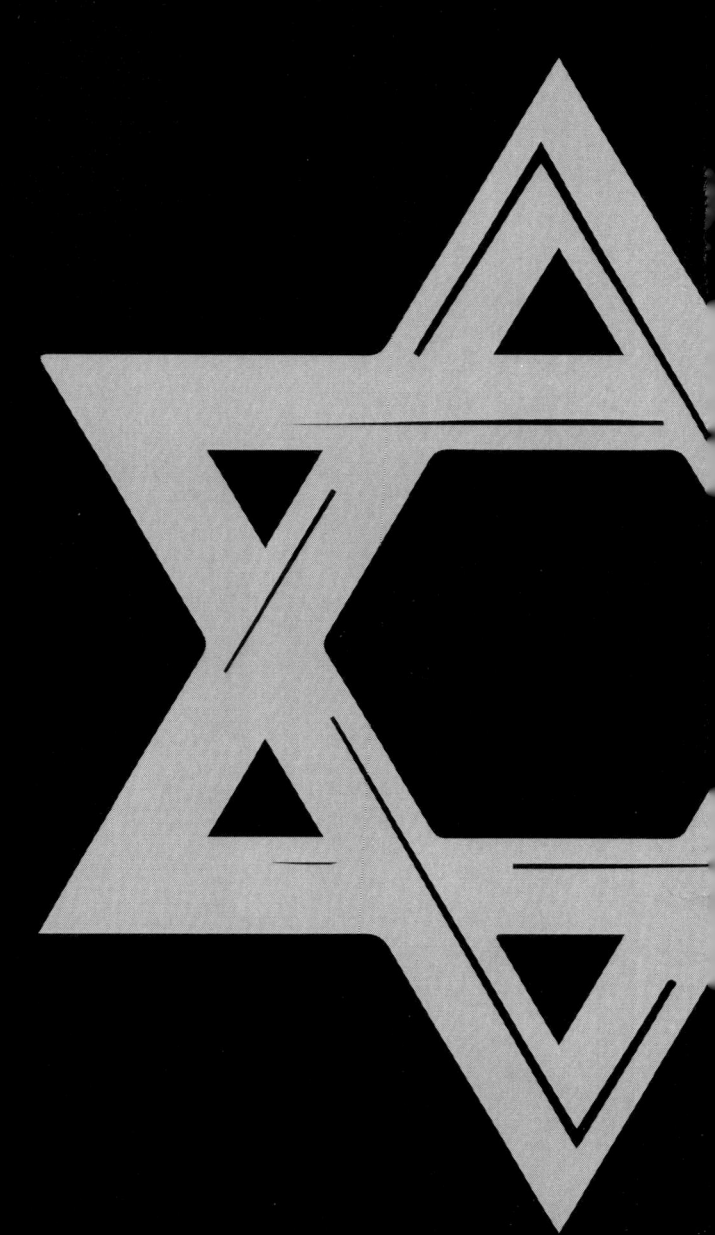

一個猶太老闆「全額退款」的精明宣傳

善於抓住機遇的人往往更能成就一番事業，在猶太人的眼裡，不賺錢的智慧不算智慧，精明的猶太人就特別善於抓住機遇、運用自己的智慧來賺大錢。

奧運除了能展現各國的體育精神和彰顯國家實力外，也能推動一個領域或一個地域的經濟發展。時間回到一九九二年，第二十五屆奧運會期間，舉辦城市是西班牙的巴塞隆納，聰明的猶太電器商人又一次發揮自己的才華把握機遇賺足了人們腰包裡的錢幣。

奧運前夕，這個猶太人電器商人向全市人們許諾：「如果今年西班牙在此次奧運會上拿到的金牌總數超過十枚，那麼六月三日到七月二十四日間來本店購買電器的顧客都可以得到全額的退款。」

這一消息傳出去後立即轟動全城，全國各地亦有耳聞，在當時引爆了一場搶購該店電器的狂潮。大家很清楚的知道，此時多買一件電器就多一次退款的機會，即使有些電器價格昂貴也供不應求，一時之間銷售量大增。

不負眾望的西班牙運動員在七月四日便拿到到了十金一銀，已經達到了電器老闆兌現承諾的要求。然而此時距離活動結束還有二十天，按照承諾，如果之前買電器的可以退款，那麼繼續搶購便可拿到更多退款，不拿白不拿，於是更為瘋狂的搶購的開始了。

到了約定的日期，人們估計該店的退款將高達一百萬美元，這家電器商店不破產是有點說不過去了。當顧客們開始詢問退款的日期時，電器店老闆並沒有迴避，而是給出了一個確切的日期。眾人無法得知這家商店有何退款能力，疑問不斷。

意料之外的是，這家老闆沒有失信，不僅兌現了承諾，還因為此事名氣大振，獲利不少。那麼他是如何做到這些的呢？

原來這家老闆在發布消息前已經做了很周到的設計，他先去保險公司購買了一份專項保險，保險公司的專家經過分析認為西班牙運動員在歷屆奧運會最好的成績也沒超過五枚金牌，這屆拿十枚的可能性也不大，這單買賣可以做，於是不知不覺中當上了冤大頭。

對於電器商人來說這樣的買賣穩賺不賠，如果西班牙沒拿到十枚金牌，銷售量成長就有錢賺，自己不用退款，保險公司也不用賠償，大家都有錢賺；如果西班牙拿到了十枚金牌那麼有保險公司負責賠償，自己悶聲發大財就行了。不管西班牙運動員拿到多少金牌，電器商人總有錢賺。

從上面的故事中可以看出猶太人的精明，用腦袋去賺錢才是最好的生財之道。在生活中的各個方面，善於思考的人更容易成功，他們支配自己的思想，也支配著事情的發展。善於用腦的人往往不會乾等機會，而是抓住機遇、創造機會、利用機會為我所用。

財富箴言：

機會可遇不可求，抓住機會、主動出擊、勇於衝刺才會有回報。等待機遇中的人往往會錯過更多機遇，在對的時間裡做對的事，會有意想不到的收穫。

個人成功舉辦奧運會的尤伯羅斯

如今的奧運會對於每座舉辦它的城市來說都是一股振興的力量，舉辦奧運不僅是一種榮譽，更實際的在於它能透過奧運這一盛大機遇賺到大錢，但是一九八〇年代，舉辦奧運會卻是一個不折不扣的燒錢行為。直到一九八四年，美國的猶太人尤伯羅斯才將這一局面扭轉，尤伯羅斯透過這次成功舉辦的個人奧運會成為了奧運歷史上一個重大的轉捩點。這次奧運會不僅讓尤伯羅斯賺了大錢，還促進了奧運經濟和體育產業的誕生，因此尤伯羅斯被譽為「奧運商業之父」、「奧運會企業贊助之父」，並且在一九八四年獲得國際奧會頒發的傑出奧運會組織獎。

奧運歷史上，在一九八四年的前幾屆由各個國家城市舉辦的奧運會都出現了龐大的虧損。一九七二年慕尼克舉辦的第二十屆的奧運會賠的錢還了好久好久；一九七六年加拿大蒙特婁舉辦第二十一屆奧運會，又賠錢了，這次賠了十億美元；接著一九八〇年莫斯科舉辦二十二屆奧運會蘇聯也跟著燒錢，支出了九十億美元，虧得血本無歸；一九八〇年美國舉辦的冬季奧運會也是不盡人意，這樣燒錢的盛會真心玩不起。於是到了一九八四年，拿到了二十三屆奧運會舉辦權的洛杉磯在一個月後，市議會通過了一項針對奧運會的修正案，決定不撥一毛錢給奧運會。

這樣一來，洛杉磯把求助目光投向了美國政府，而美國政府根本不拿奧運會當回事，由於當時美蘇關係不和諧，美國政府怕舉辦奧運會受到蘇聯的抵制和報復，因此將不會為奧運會提供一毛錢資助。

陷入困境的洛杉磯向國際奧會申請私人舉辦奧運會，這讓國際奧會大吃一驚，因為從來沒有私人舉辦過奧運會，並且舉辦這麼一個世界級的運動會耗費的財力物力不是一般人所能承擔的，《奧林匹克憲章》裡也只允許城市舉辦奧運會，當時又沒有其他城市申請舉辦。事到臨頭國際奧會還是同意了洛杉磯的請求，雖然讓國際奧會的面子無處可放，但是又沒有其他的辦法，總不可能不舉辦了吧？

得到國際奧會的允許的洛杉磯開始準備承包給私人，經過多番挑選和考查，最終選中了猶太人尤伯羅斯。根據尤伯羅斯的資料顯示，這是一個有著天才的商業頭腦和高超運作手段的猶太人，當局也不想花一毛錢承辦奧運會，把奧運會承包給這個猶太人似乎是可行的。

巧婦難為無米之炊，尤伯羅斯接手承辦奧運會是要冒很大的風險，但對他來說這是一個重大的挑戰，而他有信心能贏得這場挑戰。尤伯羅斯利用人們的競爭心理，很快將贊助費湊到了三億八千五百萬美元；相比之下，上屆莫斯科的九百萬美元的贊助費就少得可憐了。這期間還誕生了可口可樂與百事可樂、柯達公司與富士公司、通用汽車公司和豐田汽車公司為了得到獨家贊助權的激烈競爭以及產生的一系列影響，包括這幾大公司的轉折與廣告行銷的成敗。

尤伯羅斯將奧運會電視轉播權作為專利進行拍價提高到了兩億五千萬美元，比之前工作人員提出的最高拍賣價多出了近一億，這歸功於他對美國廣告價格和歷屆奧運會電視轉播費用的調查和研究。同時，尤伯羅斯還將廣播轉播權賣給了美國和澳洲等國，得到了七千萬美元，打破了廣播電台免費轉播體育賽事的傳統。

尤伯羅斯不僅僅是會開源，還善於節流。他精於變通的頭腦又為奧運會節省了很多開銷，比如利用以前的一九三二年洛杉磯奧運會留下來設施進行修繕繼續投入使用，不單單是節省開銷還節省了工作量。這次奧運會正式聘請的工作人員只有兩百名也比上幾屆的要少得多，兵貴精不貴多，就是這麼一點點人舉辦了奧運史上堪稱經典的體育盛會。時至今日，某些城市舉辦的奧運會從很多方面來講也無法與之比肩。

臨近奧運會日子裡，洛杉磯已經營造出濃厚的奧運氛圍，奧運設施整齊待用，眾人無不誇獎奧運組織工作做得到位。在整個奧運會期間，各大賽事精彩不斷，觀眾情緒高漲，門票大賣，一百四十多個國家和地區的七千九百多名運動員的參與使之規模超過了以往的所有屆。

等到奧運會結束，被幸運之神眷顧的尤伯羅斯在記者招待會上宣稱此次奧運會約有一千五百萬美元的獲利，而一個月後的詳細資料表示，此次奧運會獲利高達兩億五千萬美元！這次奧運會的成功成了以後各屆奧運會的榜樣，承辦這次奧運會除了證明了尤伯羅斯的個人能力，「思考致富」這一猶太人的傳統觀點也得到了很好的驗證。

財富箴言：

人生要勇於接受挑戰，每一次挑戰成功都是對自己的提升。勇敢的人把挑戰當做機遇，怯懦的人把挑戰看作是災難。

週末自我省察「我所做過的蠢事」的猶太商人羅德爾

猶太人是一個善於反省的民族，作為上帝的「特選子民」，他們嚴於自律，信守合約。在猶太人看來，人們做事失敗很大程度上是由自己的缺點造成的，時常反省自己可以保持警惕，提高認知能力，盡量避免由自己本身缺點而引發的事故。

在經商活動中，善於反省和自律的人通常更願意信守合約，獲得成功。成功的猶太商人通常都保持著反省自己的習慣，無論是由於宗教因素還是民族特性，猶太人表現出來的這種素養能讓自身得到很好的提高，坦然面對生活中的種種困境，幫助自己走向成功之道。

善於反省自身的猶太商人羅德爾有一個別人不常有的習慣，那就是把自己做過的蠢事用文字記錄下來，每當看到這份蠢事紀錄時，羅德爾都能夠及時反省自身的缺點，進行自我責罵。這樣做的好處是顯而易見的，在不斷正視自身錯誤時不斷修正自己，避免以後再犯同類的錯誤，遭受損失。

羅德爾在做這方面的時候態度是極其認真的，他的私人檔案夾裡記錄著自己做過的蠢事。有時他透過口述讓祕書記錄，有時卻不得不自己動手記錄，因為有些事涉及隱私，有些事做得過於愚蠢，實在是不好意思讓祕書看笑話。

羅德爾總能及時避免犯錯，在他看來，保持一個反省的良好習慣是少犯錯的祕訣。羅德爾一直有著一個記錄生活的記事本，他把每天生活中的約會都記錄下來，等到週末晚上或安靜的時候做自我省察。通常這時候他不會在家吃晚飯，消磨時光，而是認真的對這一週的生活和工作做仔細的評價。

打開記事本，羅德爾獨自思考，回顧一週的工作情況，把每次面談、討論和會議都細細梳理一遍，找出那些做得不好的地方加以留意和改進，在做得好的地方吸取經驗。認識到自己的不足，降低犯錯的頻率。雖然每次進行自我鞭笞都有一些自我折磨的意味，但是保持這種自我分析的能力和習慣極大推動了羅德爾的事業繼續向前發展，羅德爾樂此不疲。

透過這些方式，羅德爾成為一個具有反省意識的成功商人，學習羅德爾的這種自我反省的精神對我們的幫助也是非常大的，一般人也可以養成這樣良好習慣來避免犯重複的錯誤。利用週末的閒置時間進行一次自我反省，讓心靈做一次有氧呼吸，加強自身的生命力。

不會反省的人生是悲劇的人生，倘若一個人忘了如何去反省自己，那麼他就不會重視自身的缺點和別人的責罵，以自我為中心，推卸責任更是家常便飯，自以為是，活得自私且虛偽，無法自我救贖。

工作生活多一點自我反省的精神，就能少犯一點錯誤。經常反省自己，驅除雜念，清靜本源，可以提高對事物的認知和判斷力，找出問題，付出相應行動，更好的管理自己，接納別人友好的建議，不斷完善自己。

金無足赤，人無完人，每個人都會犯錯誤，要懂得及時反省才能進步，「一日三省吾身」必然沒錯，自知之明是最難得的知識。善於反省比刻苦工作更重要，作為高層管理人員更應該知道如何去反省自己，認識到反省是人生的另一種財富。

財富箴言：

自省是人的一種優秀品格，不會評價自己也就不會評價他人，只有自己知道自己的飯量，不自省的人常死於安樂，過於自信和輕敵一樣會導致失利。

當一切快被燒毀的時候，你最應該帶走的是知識

世界民族林立，每個民族都有其獨特的民族文化，猶太民族以其強悍的生命力和影響力把民族文化傳承了幾十個世紀，不得不令人肅然起敬。當然，這和猶太民族重視教育和熱愛讀書的傳統是分不開的。

猶太人是世界上最喜歡讀書的人，也是世界上閱讀最多書籍的人，人均每年讀書六十八本。看重智慧的猶太人把讀書當做獲得知識的重要方式，讀書成為生活中必不可少的元素。

因為酷愛讀書，猶太人創造了很多的世界紀錄。迄今為止，占世界人口不到千分之三的猶太人卻誕生一百六十多位諾貝爾獎獲得者，占到了諾貝爾獲獎者人數的百分之二十以上，足以笑傲江湖、俯視群雄了。無論是在哪個猶太人聚居地，猶太人所受到的高等教育人口比例都是非常高的，在全世界範圍內，優秀如愛因斯坦般的猶太科學家也不少。閱讀和學習作為猶太人的優良傳統一直保持的很好，只要是在以色列待過的人都能夠體驗到那裡的人們熱愛學習善於

閱讀的良好氛圍，真真實實的感受到猶太人炙熱如火的求知慾。

在以色列，書店是人們常去的場所，各類書店裡擺放著各式各樣的圖書，以滿足人們的閱讀需求，種類豐富，一應俱全。實行文化開放政策的以色列，對於世界上的各種文化包容並兼，書店出售的閱讀物中世界級的報刊還沒過期，一些關於開發中國家的書籍又呈上桌面了。

這個猶太人的為主要人口的國度有二十九家報紙在營運，分別使用十五種文字進行出版，發行的書籍報刊近九百種。以色列圖書館和書店一樣，到處都是，出版業發達，人均擁有的書籍世界第一，五分之一的人有借書證，以色列人注意新聞，因為這一地帶國際爭端不斷、新聞不斷，世界矚目，這也推動了出版業的發展。猶太人愛書，書籍的價格也不便宜，但是這裡的猶太人對於購買書籍報刊的費用毫不吝嗇，家家戶戶都會訂閱報紙，一年的費用並不低。在猶太人看來，熱愛閱讀不只是一種好習慣，更是會思考的人所具有的一種美德。

在猶太人幾千年的生活中，「安息日」是一個非常重要的宗教活動日。這一天是從週五的日落開始到週六的日落結束，根據相關的猶太人法律，每逢安息日，以色列所有的政府機構和多數私人企業都將暫時關閉，連公共交通系統都不再運行，這一天人們不生火、不做飯、不購物、不開關電器、不駕車出行、不參加社會活動，都在家「安息」禱告，讓辛勤工作六天的人們得以休息。安息日裡，日常的工作都不能做，連個吃飯的地方都找不到，但是這一天讀書和買書是特別嘉許的，人們可以在書店裡盡情選擇自己喜歡的書籍，各類書店這一天開門做生意都有很多人光顧，人群潮湧卻不嘈雜，安靜的書店來的都是愛好讀書的人。

自猶太人有歷史以來，鍾愛讀書善於學習的習慣就伴隨著猶太人的興衰，不曾斷絕。在以前，猶太人安息的地方除了擺放祭品，還會擺放書籍，虔誠的猶太人相信人是有靈魂的，在萬籟俱寂的時候，那些逝去的人會出來找書看。猶太人從小就教育孩子認識到讀書的重要性，他們會在書上塗上蜂蜜，讓懵懂的孩子去舔，讓他們從小就知道書本是甜蜜的，知識是甜蜜的。猶太人的家裡通常都擺明書籍，沒有書的家就不算是一個家，猶太對書的愛護成了一種傳統，書是智慧的軀殼，不可以胡亂放置，安置書籍甚至是有了床頭床尾之分，書可以放床頭，不能放床尾，把書放在床尾的人受到鄙視也是應該的，焚燒書籍也將被視為一種惡，即使是一本反對猶太人的書。

幾乎每個猶太孩子都要被問到這樣一個問題：「若是某一日你的家遭遇火災，家裡的東西都將會被燒光，你只能帶著一樣寶貝逃離火災，你會帶著什麼？」一旦孩子回答的是金銀財寶之類的東西，家裡的大人便會引導他們去思考一種沒有實質的財寶，如果孩子回答不了，大人們將告訴他們：「當一切快被燒毀時，你最應該帶走的是知識。」

猶太人認為，知識是任何人都無法從你手裡奪走的，只要好好活著，知識就能幫你改變命運。善於學習和思考的猶太人成為了世界商人的榜樣，許多人把猶太民族當做是智慧的民族，猶太人熱愛學習的精神幫助他們度過許多難關，也成就了很多事業。

學習吧，讓生活更美好；學習吧，生活將更簡單。

財富箴言：

關於書本，如果唯讀不想，就容易人云亦云、沒有主見，為書本所束縛，所謂「學而不思則罔，思而不學則殆」是也。

一分錢不花，讓不可能的事情變成可能的林恩

猶太人愛惜金錢如同愛惜時間愛惜生命，年輕總是一筆寶貴的財富，而金錢是無限的，生命是有限的，用有限的生命賺無限的錢才是一個有智慧的人該做的。年輕人永遠是充滿著希望的，要懂得把握住每次機會，充分利用自己的頭腦，去做出一些讓人記住名字的事業來，不再浪費自己的青春和熱血。

猶太人是世上公認的世界第一商人，他們憑藉精明的頭腦去做生意，依靠著智慧的力量發家致富。他們奇妙無比的點子一個接一個，正是這些妙想天開點子讓一批批猶太人從一窮

二白的無產者進階成為世界級的財主，對於他們而言，最可靠的唯有自己那化腐朽為神奇的金點子了。

財富的三要素是想法、資金和管理，在這三要素裡面，首先是有一個成熟的好想法好創意，這是最重要的。一旦有了上好的創意，那麼就能夠為一個表面上看似無法完成的問題摸出一條可行之策。

猶太人林恩原本是一個金融業的小老闆，年過半百的他本該退休了，可是林恩還是奮鬥在公司的最前線。他有心在退休前買下附近的威爾森公司。威爾森是華爾街上老牌的大公司，威爾森的年銷量高達十億美元，是林恩公司的兩倍。林恩要拿下威爾森公司，並不是件容易的事。

林恩對威爾森公司進行了仔細的分析，分析結果顯示威爾森公司在華爾街屬於低值公司，這就意味著威爾森公司的獲利與同行業的其他公司相比較是很低的，所以他的股價也很低，誰有八千萬美元誰就能夠買下威爾森公司的控股權。

可是，一下子弄出八千萬對林恩來說根本不可能，但是林恩沒有絲毫猶豫，他的初步做法是用股票去借，第一時間把這家公司拿下再說，以免被別先下手搶走。

第一步，林恩出手買下了威爾森公司絕大部分的股票，讓自己做了威爾森公司最大的股東，吞下了這個大自己兩倍的公司。

第二步，也是最關鍵的一把，就是消化這個龐然大物：把那八千萬的債務解決掉！

林恩使出一招偷梁換柱：在他的兩個公司中，進行債務轉移，先把自己原來的那家公司所產生的債務轉移到新吞併的威爾森公司，再透過將威爾森公司分割成三個子公司進行股票發行，把大部分的新股據為己有，其他的賣出，所得的錢差不多夠八千萬了，還債問題不大。

當林恩作為威爾森公司老闆的身分為大眾所知後，三個子公司發行的新股股價一路長紅，最後三個子公司的價值超過了原來的威爾森公司。

就這樣，林恩僅僅是動腦，用了一個絕妙的點子，就得到了威爾森公司。僅僅是林恩異想天開後付諸行動的一個回報，這樣的例子還有很多，只有敢想敢做，就可以獲得與眾不同的、來自命運的獎賞。

有些時候，一個新奇的點子就可以幫你致富，某些情況下，沒有資金也不是問題，只要勇於去想、勇於去做的決心，那麼獲得成功也不是不可能的。

財富箴言：

無中生有是三十六計裡面的第七計，意思是：有則無，無則有。世界本來無生意，所有的生意和財富本來就是從「無中生有」中出現的，智慧的大腦能夠抓住機會使財富無中生有。

老猶太人的兒子成功的兌現一加一大於二

一加一等於二是數學法則，在現實生活和商業活動中，一加一是可以大於二的，要學會發掘事物的附加值，來獲得更多的利潤。

在第二次世界大戰期間，奧斯維辛集中營裡有一對還沒被死神帶走的猶太人父子，某天父親教育兒子說：「如今，深陷險境的我們唯一擁有的財富就是我們的頭腦，如果別人說一加一等於二，作為一名優秀的猶太人，你應該意識到那有可能大於二的。」當時納粹在奧斯維辛集中營毒死幾十萬猶太人，這對父子卻奇蹟般活了下來。

後來父子倆在一九四六年到了美國，他們在休士頓做起了銅器買賣。某天，父親問兒子：你知道一磅銅現在市價是多少？兒子不加思考回答說：三十五美分。父親點了點頭，說：「沒錯，或許所有人都知道每磅銅的市價是三十五美分，作為一名猶太商人，你必須認識到它的價值遠不止三十五美分，你想一下，把一磅銅做成門把能賣多少錢。」

過了二十年，父親去見上帝了，兒子一人經營著父親留下來的銅器鋪，這些年，在他手裡的銅被加工成各種商品出售，普普通通的一磅銅，可以是銅鼓也可能是簧片，也可能是奧運獎牌，最好的時候，他手裡的一磅銅值三千五百美元，而他也坐到麥考爾公司董事長的位置。

這樣還不足以讓麥考爾秀出自己的能力，善於創造財富的他，透過紐約的一堆垃圾向世人展示了自己的創造力，成就了自己的名聲。

美國政府在一九七四年的時候為紐約的地標自由女神像進行了一次翻新，扔下的廢料堆積如山，本著不浪費的原則，政府把廢料也推出去賣，又正好解決了如何處理的難題。只是過了好幾個月，也沒人願意買這堆廢料。當時正在法國度假的麥考爾聽到這個消息後，馬上飛回了美國，看到那堆滿是銅塊木料的垃圾後，麥考爾當場簽字買下，沒有一句廢話和異議。

別的人對麥考爾的舉動感到好笑，在他們看來這堆垃圾是很難處理的，在注重環保的紐約州，相關規定是很嚴格的，處理不好就會惹上官司。而麥考爾沒有給別人看笑話的機會，他讓工人把垃圾進行分類，清理出來的銅塊被融化後鑄成小的自由女神像當做紀念品出售，其他的廢鉛廢鋁被加工成另一個紀念品——紐約廣場的鑰匙的微縮版，麥考爾甚至連自由女神像身上的灰塵也不放過，他把那些灰塵都包裝好當做花土賣給花店。這樣處理完之後，沒過三個月，麥考爾把這堆垃圾賣出了三百五十萬美元，每磅銅值過去的一萬磅銅。

猶太人的世界裡，處處是商機，只要勇於人先，就可以賺錢。物品的性質是不容易改變的，但是提升它的價值卻不難，有價值的商品才有利潤。

每個人生來就是一塊璞玉，玉不琢不成器，生命的價值也在於提升自己，超越自己。透過自己的努力，把自己打磨成一塊瑰麗的美玉，這一生的時間也就沒有白白浪費。成功的人生永遠是屬於一小部分的人，因為真正懂得自身價值的人不多，而善於打磨自己的就更少了。人的一生中總是在成長的，不同的時期有不同的變化，要善於發現自己的優勢，努力塑造出一個優秀的自己，實現自己的人生目標。

麥考爾的父親對他說過的話激勵了他的一生，透過他的事蹟我們可以知道，一件物品沒有恆定的價值，聰明的人會提高它的價值，只要敢想、勇於實踐，那麼一磅銅也可也賣到黃金的價格，人亦如此。

瞬息萬變的生意場上，沒有東西的價值是一定的，也沒有什麼財富公式是一成不變的。有人覺得生意艱難、生活不如意的時候，有些人卻活得十分愜意，還賺著大把的錢。一樣的生意，不一樣的人生，這也許就是一加一等於幾在不同人眼裡的不同答案所導致的結果。

財富箴言：

事物的價值不是恆定的，提高商品價值才是獲得利潤的最佳途徑，良好的合作也會收到一加一大於二的效果。

利用短時間出奇招創富的巴納特

猶太人認為生命是享受的，時間是寶貴的，珍惜時間，創造財富，這已經成為了猶太人的一條重要的生意經。

猶太人深知時間的價值，猶太人把時間也當成了一種商品，這種商品的價值取決於自己，猶太人把「不浪費時間」也當成了生活的宗旨。在如今這個金錢至上的社會裡，時間就是金錢，但是金錢買不回時間，時間也是生命，是金錢無法替代的。

股神巴菲特今年八十二歲，假設在你二十歲的時候，把他的財富和年齡都跟你交換，你會同意嗎？

假設你是巴菲特，用你的億萬身家去換取年輕的生命，你會樂意嗎？

答案在大家心裡。

大多數人都知道時間的寶貴，金錢雖然誘人，但是人生不能重複，拿充滿活力的生命去換取短暫的享受是瘋子才做的事。金錢是沒有盡頭的，時間卻是有限的，用有限的時間去捕撈無限的金錢，這樣的人生是得不到滿足的，世界上的印鈔機運轉的時間比人長，不要拿人生所有的時間都去追逐財富。

金錢是可以複製的，時間是無法複製的，人生也只有一次，時間是每個人都應該珍惜的財富。自己的時間和他人的時間都是不容浪費的。作為一個商人，能控制好自己的時間也就能掌握金錢。有了足夠的時間才有機會去勾搭金錢。

猶太人商人把時間當成賺錢的資本，時間是可以衍生出價值的，調教好時間，在時機成熟的時候，時間也就可以轉變成金錢。

曾經的南非首富名叫巴奈．巴納特，沒有發跡之前的猶太青年巴納特也是窮人一個，在倫敦街頭默默無聞。某一年，巴納特決定出去闖天下，他只帶了四十箱雪茄，這四十箱雪茄為他以後的事業的換取第一筆資金。巴納特用這筆資金買了一些鑽石，做起了鑽石生意，幾經風雨後，巴納特成為了一名遠近聞名的鑽石商。

巴納特在做鑽石生意時每次去銀行都有一個規律，他的獲利也隨著這個他的這個習慣而有了規律。巴納特在每個星期六都能賺的比平時多，因為這一天以後銀行放假，銀行營業時間較平常短，巴納特常在這天開出很多空頭支票，用來購買鑽石，然後在星期一銀行開門前把鑽石售出，所得資金兌付那些空頭支票，這樣一來，巴納特能調動的資金就多了，生意也就慢慢的做大了。巴納特抓住銀行放假的這一天半的時間，將無法兌現的支票換成了商品，既沒有侵害他人利益也沒有違法，動一下腦就讓自己走上致富的道路。

工作當中，猶太人很注重效率，以浪費時間為恥，在上班期間必定按照規定時間工作，下班時間一到，即使沒有做完的工作也要被放到一旁，猶太人會立即收拾東西回家，在他們看來，在上班時間他們沒有去糟蹋時間做工作之外的事，下班後也不要讓工作上的事情來占據自己的私人時間。

猶太人的時間觀念如此強烈，因此在工作上表現很出色，極高的工作效率說明一切。猶太人頭腦靈活，善於利用時間去創造價值，時間是不允許浪費的，浪費他人的時間就如同謀害他人的生命。浪費時間也在浪費金錢，猶太人的工作時間甚至可以換成等價的金錢，每分鐘值多少都一清二楚，無故犧牲的時間就等同於失去的金錢。由巴納特的故事中可知，時間確實是一件無形的商品，想賺錢必須善待時間。

財富箴言：

細節能展現一個人深層次的修養，細節更是反映了人們為人處世的態度。注重細節，細節決定成敗，每一次都能把簡單的事做好就不簡單了。

有了精明的點子後，便付諸實施的猶太富商哈同

十九世紀末、二十世紀初時有一位猶太人叫哈同，他在異鄉憑藉著自己的精明和奮鬥成為

了赫赫有名的富商，擺脫了貧窮，塑造了一個猶太商人成功的人生。

哈同的名氣幾乎無人不知，他是一八五一年出生在巴格達的一名猶太人，在他二十一歲的時候單槍匹馬的來到異鄉闖生活，剛到當地的哈同一貧如洗，連件像樣的衣服也沒有，他已經跟一個乞丐差不多了。在熟人的幫助下，哈同在某個洋行做了一名身分低微的保全，之後開始當侍者，依靠自己的勤快和機靈，哈同很快就升遷了，成了倉庫管理員兼收租員，日子開始好轉。

過了五六年，哈同已經當上了助手，並著手打理洋行的房地產事項。在他來的第十四個年頭裡，他開了一家自己的洋行，主要從事房地產，生意興隆，財源滾滾。

猶太人哈同做生意時精明的作風和心態為當地人所熟知，他在當時的開創的房租繳納原則至今仍被沿用。

哈同用在計算房租和地租上的精明是舊時代的房東無法企及的。

哈同的房子一般短租，三五年租期的房子一大把，租期短的房子一方面容易回籠資金，拿著這些資金又可以去發展洋行的業務。短租的房子在續租的時候租金還要漲，在哈同的地盤上，即使一個小攤主，也是哈同的租戶，每月向哈同交五元租金的攤主只不過擺了個修鞋攤子而已。哈同在收租的時候總是笑臉相向，嘴裡說著好話，但是一分錢都不能少。

在多數地產房主按照西曆計租收租時，哈同卻按照農曆計租收租。西曆的每年始終是十二個月，不會多出一個月，而在農曆中，每四年就有一個閏年，每一個閏年裡會有十三個月。按照農曆來收租，就會多收一個月租金。哈同的精明在這裡已經是鋒芒畢露了。

哈同在成為富人以後，花費七百萬元建造當地最大的私家花園，裡面所有的職工都必須佩戴徽章，而關於這些徽章的費用哈同是絕不會買單的，他只會讓職工自己出錢買，在這筆買賣中，哈同又將職工狠狠的剝削一頓。

精明的哈同在一九三一年結束了他的人間之旅，他的事蹟也已經成為了猶太人商人成功的典範。

哈同的精打細算已經到了一種極致，他的精明的點子讓他在當地活得逍遙自在，在生意場上春風得意，大展手腳。能想到別人想不到的，這是哈同展現自己精明的地方，精明是一種心態，哈同對於這種精明已經是駕輕就熟，在任何時候任何地點，哈同都能夠把精明的招數用得淋漓盡致，一旦他有了新的精明的點子，他就毫不猶豫的去實踐，做得理直氣壯，不拖泥帶水。

很多人也效仿哈同收租，卻沒有和哈同一樣按照農曆收租，他們想和哈同一樣賺錢，卻沒有哈同精明的心態，自然比不過哈同。經商的目的就是為了賺錢，如果在賺錢時還猶猶豫豫，該行動的時候不行動，那麼注定要落後於那些勇於先行的商人。猶太人在經商時不計較金錢的來源，灑脫行事，勇於做衝鋒陷陣人，因而在商場上比其他民族的商人要活躍得多，在市場上也就如魚得水，財源滾滾。

財富箴言：

金錢並不神聖，絕非高不可攀的聖物。生活中保持快樂的心態，簡簡單單就是幸福。猶太人沒有把錢看得過於複雜，賺錢對於他們來說是一件簡單的事情，不讓金錢成為一種負擔。

猶太人的財富密碼之三：一念定乾坤

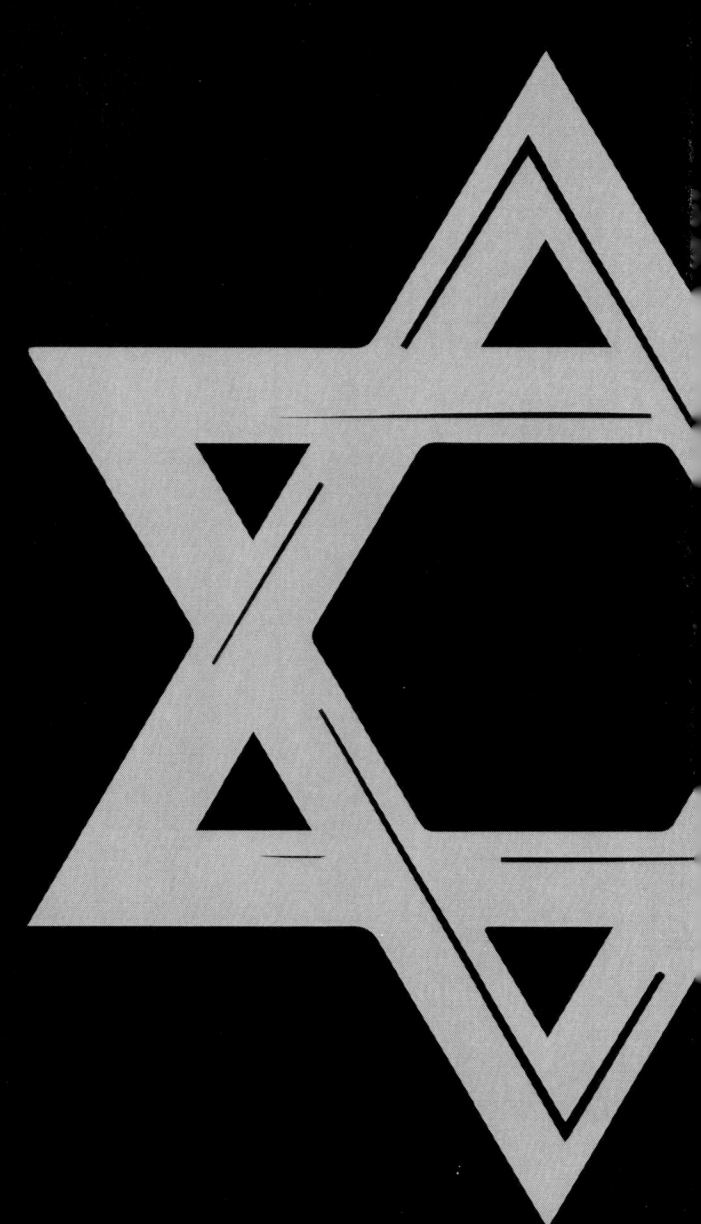

超凡的眼光源於猶太人賺錢的本能

我們要正確的選擇，結合自己所處的環境、自己所具備的條件和優勢，對自己的人生進行合理的規劃。這就是要制定有可能實現的目標，並且全力以赴實現目標。當我們這種選擇、設計和把握恰好跟上了時代的潮流，跟上了市場的發展，那麼屬於你的運氣就來了。

人的一生中，會遇到許多次機會，而大部分機會都像流星一樣稍縱即逝。機會存在的時間雖然很短，但是如果把握了，就能夠給我們帶來財富。或許我們終其一生在追求財富，遇到的機會寥寥無幾。猶太人並不會失意，他們會這樣互相鼓勵：「試著去做一件自己早就想做但卻始終沒有勇氣去做的事，你會擁有煥然一新的人生。」他們之後的成功也是這樣做到的。

不同的人就有不同的眼光，處理一件事時會產生不同的結果。猶太人善於利用他們對財富的渴望，培養出非同一般的商業眼光，發現賺錢的機會。

猶太人馬克．奧．哈德林先生僅僅花了六年時間就由一個名不見經傳的失業青年變成小有名氣的百萬富翁，令人稱道。

在他二十五歲的時候，他讀了一本《我是怎樣在業餘時間把一千美元變成三百萬美元》，透過這本書，他好像看到了自己美好的前程。接下來的時間裡，他有機會就和從事房地產的朋友和親戚聊天，從而了解和學習投資和不動產有關的知識。在這個時候，他就默默的在心裡為自己定下一個目標：在自己三十歲的時候要成為百萬富翁。

機會終於來了，他的一個朋友是個房地產中間商，有一天他登門拜訪，激動的告訴他一個投資少、收益驚人的買賣：有一所在中產階級住宅區的現代化房子，房況良好，精裝修，而且由於某些原因，房主急於在一個月內把房子賣掉，所以價錢很低，只要一萬四千五百美元。哈德林聽後很心動，認為這是個很好的機會，於是經過和房主進一步的還價，最後把價格定在一萬美元。儘管哈德林當時銀行存款不足五百美元，但是他覺得即使籌不到一萬美元，也只是需要付給中間人一百美元罷了。他和房主簽了約，然後直奔城裡最大的銀行，用借款的形式得到了一萬美元，付給房主。他又來到另一家銀行用新購的那套房產作抵押，貸款一萬美元還清了第一家銀行的借款。沒幾年，他的住戶又幫他還清了銀行貸款。就這樣循環累計下去，馬克·奧·哈德林先生很快就實現了自己的夢想，成為了百萬富翁。

或許，在大多數人看來，機遇是可遇而不可求的東西，我們往往能夠看到機遇來臨，卻也眼睜睜的看它快速流逝。然而。猶太人並不是這樣認為的，只要有錢可賺，他們就不會放過一切機會。不管什麼身分的猶太人，都不會放棄賺錢念頭的。他們總是千方百計尋找所有賺錢的機會，即使一個生意可以多賺一美元，只要有這種機會，他們就絕對不放棄。猶太人本能上就是賺錢，在這種本能的驅使下，猶太人變得具有發現機會的眼光，並且能夠付諸實踐，最後賺得盆滿缽滿。

機遇不是命中注定的，上天也不會安排。有些人發現並抓住了機遇，獲得了成功；有些人在機遇差身而過時卻渾然不覺。因此我們在機遇面前人人平等，至於能不能抓住，就看你是否能把握好關鍵的時機。可見，機遇完全就在你手中，抓住了它，也就抓住了成功，抓住了財富。

在《塔木德》裡，有一句話是這樣說的：「機遇隨時都有，機遇無處不在，只看我們是否善於發現、能不能把握罷了。」其實在我們生活當中，一個偶然的機會，一個突發的事件，往往都能產生出無數的機遇。要想成為富翁就得把握機遇，千萬別放過身邊每一個可能發財的細節。

財富箴言：

因為機遇往往在瞬間就決定了人生和事業的命運，用出色的眼光去抓住機遇，就會澈底改變自己的人生軌跡。可以說，擁有好眼光才能發現機遇，抓住機遇，就能夠離成功更進一步。

把逆境當契機的猶太人蒙德

每個人都有追求幸福的權利，都想在自己的一生中過得富裕而快樂，但是人生不如意十之八九，一帆風順的人生不是完整的，機會也不都是在安逸的時候到來，在逆境中的機會就像是暴雨來臨前翻滾的烏雲，那其中蘊含的能量往往非常大，足以改變人的一生。

我們在任何時候，面對逆境時都要調整好自己的心態。在商業場合，一個商人的成功與失敗往往由他在面對逆境時有沒有勇氣和頭腦決定。一個商人經商才能的一個重要標準也就是其在面對逆境時的處理能力。

大多數猶太商人在面對逆境時，都能夠坦然面對，把逆境當做是人生路上的必修課。《羊皮卷》中寫道：「請主降下磨難，考驗我對主的信仰；請主降下苦痛，把我和普通人區分；請主給我以逆境，讓我成功。」

在漫漫歷史長河中，猶太人一直在逆境中生活，經過兩千多年的漂泊流離，他們認為，人生的際遇有兩種，一種是順境，一種是逆境。在順境中順流而上，或許每個人都能夠做到抓牢機會；但是面對逆境，若缺乏忍耐和智慧就會敗下陣來，在逆流中舟沉人亡。於是，在這漫長的日子裡，一方面他們學會了戰勝自我，堅強的挺下去；另一方面，他們低調處事做人，在逆境中發展。他們始終有一個信念——逆境之後，一定會峰迴路轉；烏雲過去，前方一定會是一片藍天，當猶太人把這種處事智慧運用到商業操作中，就形成了猶太人在逆境中發展的生意經，從而成就了偉大的猶太商人這個群體。

猶太企業家路德維希·蒙德學生時代曾在海德堡大學和著名的化學家布恩森一起工作，發現了一種從廢鹼中提煉硫磺的方法。後來他移居英國，將這一方法帶到英國，幾經周折才找到一家願意與他合作開發的公司，結果證明他的這個專利是有經濟價值的。蒙德由此萌發了自己開一間化工企業的想法。

不久他就買下了一種利用氨水的作用使鹽轉化為碳酸氫鈉的方法，這種方法是他一起參與發明的，當時還不是很成熟。蒙德在諾斯維奇的溫寧頓買下一塊地，一邊建造廠房，一邊繼續實驗，以完善這種方法。在經歷了實驗屢屢失敗之後，他沒有放棄，反而晝夜不停的實驗，經過反覆而複雜的實驗，他終於解決了技術上的難題。

西元一八七四年廠房建成，起初生產情況並不理想，成本居高不下，企業在連續幾年處於完全虧損狀態。當地居民由於擔心大型化工企業會破壞生態平衡，拒絕與他合作。

猶太人在逆境中的堅忍性格幫助了蒙德，他不氣餒，終於在建廠六年後的一八八〇年取得了重大突破，產量增加了三倍，成本也降了下來，產品由原先每噸虧損五英鎊，變為獲利一英鎊。當時的英國，工廠普遍實行十二小時工作制，工人一週要工作八十四小時。蒙德做出了一項重大決定，將工人的工作時間改變為每天八小時。這激發了工人的工作積極性，每天八小時內完成的工作量與原來在十二小時完成的一樣多。

工廠周圍居民的態度也發生了轉變，爭著進他的工廠工作，因為蒙德的企業規定，在這工作可以獲得終身保障，並且當父親退休時，還可以把這份工作傳給兒子。

後來，蒙德建立的這家企業成了全世界最大的生產鹼的化工企業。面臨逆境的蒙德沒有灰心喪氣，而是振作起來尋找辦法走向成功，這正是猶太人身上特有的面對逆境時越挫越勇的精神。

猶太人認為，是否能夠實現逆境也是機遇這一觀念的轉換，也是能否成功的關鍵。在逆境中不會灰心喪氣，堅忍的性格讓他們抓住機遇，在逆境中發展。在很多情況上，猶太人都能夠在危險來臨時泰然自若的做生意，甚至會在逆境中發展，當做是發財的最好時機。

財富箴言：

當你的人生道路出現坎坷和轉折時，不要放棄，要像猶太人那樣，堅信在逆境中才能崛起、經受逆境的考驗，能夠通過考驗的人就會脫穎而出，走上成功的人生之路。所以，任何時候對於逆境都應該秉持一種樂觀和歡迎的心態。

機遇成就巴魯克的輝煌人生

《羊皮卷》中說：「我見日光之下，快跑的未必能贏，力戰的未必得勝，智慧的未必得糧食，明哲的未必得資財，靈巧的未必得喜悅，所臨到眾人的，是在乎當時的機會。」說的就是只要抓住了機會，在很短的時間裡就可以少花力氣的獲得成功，而失去機會就會讓自己費心費力，事倍功半。

在一定程度上，機遇往往在瞬間就決定了人生和事業的命運，抓住了機遇就能澈底改變自己的命運前途。

猶太人常說：「抓住好東西，無論它多麼微不足道，伸手把它抓住，不要讓它溜掉。」透過抓住機會，我們就可以把握商機，透過努力可以讓我們事業有成、賺大錢。

著名的美國猶太企業家、政治家和哲人伯納德．巴魯克在二十多歲就已經成為赫赫有名的百萬富翁。同時，在政壇上也是人盡皆知的政治新星，贏得事業、權力的雙豐收。他在一九一六年，被總統威爾遜任命為「國防委員會」顧問和「原材料、礦物和金屬管理委員會」主席。時隔不久又被政府任命為「軍火工業委員會」主席。一九四六年，巴魯克的政績又躍上一個新台階，他有幸成為美國駐聯合國原子能委員會的代表，在七十多歲的高齡時依然雄風不減。當年，他曾提出過建立一個以控制原子能的使用和檢查所有原子能設施的國際權威的著名計畫──「巴魯克計畫」。

和別的猶太商人一樣，巴魯克在創業開始的時候歷盡千辛萬苦，正是因為他擁有一雙善於發現事物之間關聯的眼睛，在常人看來是風馬牛不相及的事情，巴魯克卻能發現它們之間存在的關聯，從這些當中找到屬於自己的生意機會，並一夜暴富。

西元一八九九年，即巴魯克二十八歲那年的七月三日晚上，巴魯克在家裡忽然聽到廣播裡傳來消息說，聯邦政府的海軍在聖地牙哥將西班牙艦隊消滅。這意味著很久以前爆發的美西戰爭即將告一段落。

七月三日，這天正好是星期天，第二天即七月四日，也就是星期一，證券交易所在星期一不營業，但是私人的交易所依舊工作。巴魯克馬上意識到，如果他能在黎明前趕到自己的辦公室大把買進股票，那麼就能大賺一筆。

在十九世紀末唯一能跑長途的只有火車，但是火車晚上不運行。在這種讓人乾著急的情況之下，巴魯克買了一輛車，火速趕到自己的辦公室，做了幾筆讓人羨慕的生意。

商場上從來都不是平靜的港灣，那些不敢冒險、不善於冒險的人，注定不會成為富翁，這也是他們缺乏商業才能的展現。勇於冒險是一個成功的人不可或缺的必備素養。猶太人認為：「冒險是上帝對勇士的最高嘉獎，不敢冒險的人就沒有福氣接受上帝恩賜給人的財富。」他們是天生的冒險家，能夠在危險中自由暢行、獲得成功，從而讓他們屹立於世界民族之林。

猶太商人在成功的背後都經歷過各式各樣的風險，他們成為了驚濤駭浪中的衝浪手，經歷一場又一場風險的遊戲，成為了經濟的領跑者。

在冒險中，猶太商人能夠在任何時候都是主動出擊，不讓自己陷入被動的局面。他們投機屢屢成功，這也要歸功於他們高度靈敏的嗅覺，勇於冒險、善於冒險。

有不少成功的商人，在別人問到他有什麼成功的祕訣時，會說這麼一句話：我運氣好。然而，生意場上完全靠運氣好的只是很少一部分，大部分人都是靠自己靈敏精確的商業嗅覺來主動出擊，抓住機遇，獲得成功。

財富箴言：

把握機遇，是猶太商人成功的一劑良方。勇於冒險的猶太人也善於發現機遇，並且快速做出反應，運用到商業操作中去，從而迅速有效的獲得財富。

成功借宿的猶太人費爾南多

猶太人認為，說服別人、實現自己利益是人與人之間的較量。在雙方溝通中，攻心為上至關重要。

《孫子兵法》中有「攻城為下，攻心為上」的說法，說的就是硬碰硬的攻城、血流成河是下下之策；而先攻得民心，不傷一兵一卒就和平得到城池才是上上之策！這也被萬里以外的猶太人所運用，猶太商人最擅長的攻心術就屬暗示。對於這種暗示戰術，猶太人能夠恰當運用，遊刃有餘。

猶太人會把這一方法運用在談判上。在談判中，他們會運用一些心理暗示的方式，誘導對方進行「合理」推想，從而達到攻心的目的。說服對方，實現談判的目的。

有一個關於猶太人的笑話是這樣說的：

猶太人費爾南多是個窮售貨員，有一次身無分文的他在星期五傍晚抵達一座小鎮。他沒錢吃飯更住不起旅館，只好到猶太教會堂找執事，請他介紹一個可以提供安息日食宿的家庭借宿一晚。

「安息日」是猶太教的古老節日。猶太教古老律法規定，一週的第七天是「安息日」，也就是休息的日子。因為猶太人日曆的一天是從黃昏開始到第二天下午結束的，所以週五晚上是一週的第七天的開始，「安息日」具體是指星期五黃昏到星期六下午不工作。

執事打開記事本，對他說：「這個星期五，經過本鎮的窮人特別多，每家都安排了客人，除了開金銀珠寶店的西梅爾家。因為西梅爾比較吝嗇，一向不肯收留外地窮人。」

「他會接納我的。」費爾南多十分自信的說。執事告訴了費爾南多地址，很快來到了西梅爾家門前，等西梅爾一開門，費爾南多就神祕兮兮的把他拉到一旁，從大衣口袋裡取出一個磚頭大小的沉甸甸的小包，小聲問道：「西梅爾先生，請問磚頭大小的黃金可以賣多少錢呢？」西梅爾眼睛一亮，以為大買賣來了。這時已經到了安息日，按照猶太教的規定不能再談生意了，但是他又捨不得讓這送上門的大交易落入別人的手中，便連忙挽留費爾南多在他家住宿，到明天日落後再談。

於是，在整個安息日，費爾南多受到盛情的款待。到星期六夜晚，可以做生意時，西梅爾滿面笑容的催促費爾南多把黃金拿出來看看。

「我哪有什麼金子？」費爾南多故作驚訝的說，「我不過想知道一下，磚頭大小的黃金值多少錢而已。」

人們通常會將自己看到、聽到、感覺到的經驗，結合成自己感興趣的事物。對他們來說，所謂的真實，只不過是他們將自己從外面世界裡獲知的部分資訊，賦予了他們自己的意義，從而構建成他們的知覺經驗而已。

這種做法在心理學上類似於「完形心理學」，又稱「格式塔心理學」。完形心理學認為，人們天生傾向於去完成未完成的形式。就像拿一個有缺口的圓給人看，絕大多數的人都會回答你：「這是一個圓」。因為，人們會根據自己以前所知道的補回這個缺口。對於未完成的事情，人們會根據過去的經驗，形成個人的意見。猶太人善於利用人們的這一心理，引出話題，設計一個事情的前半部分，讓別人根據自己前面提供的資訊去進行一些合乎情理的推斷，從而達到自己的目的。

當然，一位猶太商人也說過：「雖然在談判中要最大限度的爭取自己的利益，但是也絕不可以將所有好處都占盡。在談判時寸土不讓，不給對方絲毫好處，是極不明智的。最好的選擇是在預先考慮的合理範圍內，給對方心動的好處，以小換大。只有這樣，談判才有可能取得更大的勝利。」

財富箴言：

爭取利益，但是留有餘地。自身目的達到，對方也不至於吃虧，攻心為上成為了猶太人商場交流和談判中一個強而有力的武器，同時也是猶太人幾千年發展中智慧的結晶，在現今社會仍然被廣泛應用。

出奇招賣冷氣的猶太商人派特

在很久以前，猶太人的推銷能力就為大眾所知了，或許，《塔木德》本身是世界上最偉大的推銷員，他成功的把猶太人的思想推銷給全世界，讓全世界都了解和學習猶太人

成功的猶太商人大多數都是推銷高手。一個成功的猶太商人，應該具備基本的推銷能力。在他們看來，顧客都是有叛逆心的，要想讓顧客買自己的商品，首先要消除他的反感心理，使自己和他之間不再隔閡，拉近距離。只要找到一個令對方樂意接受的方式，成交就大有希望。

一位猶太商人說：「你的內心充滿著自信，你的事業就會成功。有方向感的信心，可讓人們每一個意念都充滿力量，當你有強大的自信去推動你的成功車輪時，你就能平步青雲，無止境的攀上成功之巔。」

所以說，猶太人在推銷方面也是個行家，深諳此道的猶太商人們在推銷技巧上方法很多變化，令人眼花撩亂，但是他們有一些是共通的，都離不開《塔木德》與《羊皮卷》裡關於猶太人的智慧和性格特點。自信而又有目的，精明而又有親和力。

下面這個例子說的就是猶太人推銷的高明之處：

猶太商人派特是一名資深的推銷員，在業界也有一定的名氣，他的一套「軟推銷法」在推銷界廣為流傳，產生了深遠的影響。

有一次，他為了推銷一套可供一座四十層辦公大樓用的冷氣設備，與某公司周旋了好幾個月，但是遲遲沒有進展，因為最後決定權還在買方的董事會。公司的董事會一直在這個問題上有分歧和顧慮。

透過派特堅持不懈的爭取，終於有一天董事會通知派特，要他再一次把空調系統的情況向董事會成員們做個介紹。

在報告會上，當時炎熱的天氣使他有了主意，他不再正面回答董事們的提問，而是很自然的改變了話題。

他說：「今天天氣非常熱，我能夠脫去我的外衣嗎？」說完，還掏出手帕認真的擦著前額上滲出的汗珠。他的話和他的動作立刻引起了董事會的條件反射，他們似乎一下子也感到了悶熱難受，一個接一個脫外衣，又一個接一個拿出手帕擦汗。

「各位董事，我想貴公司不想看到來公司洽談業務的顧客都熱成像我這個樣子，是嗎？」

他頓了頓，接著說：「敝公司安裝的冷氣運用了世界上最好的省電裝置，而且噪音小，它不僅可以為貴公司節省開銷，更可以為貴公司的顧客帶來一個舒適愉快的感覺，以便成交更多的業務，您說這樣該有多好？如果貴公司所有的員工都因為沒有冷氣而感覺天氣悶熱，穿著不整齊，就會影響你們公司的形象和顧客對你們的信任，這樣合適嗎？」

公司的董事終於被口齒伶俐的他說服了，決定訂購他推銷的冷氣設備，他做到了成功銷售。

可見，在猶太人的生意經裡，推銷的方式是多麼奇妙而高效。透過他們精明又新奇的推銷，最終大部分顧客都會被他們說服，成為他們忠實的客戶。

猶太人在推銷中做到了應時、應地把自己的產品銷售給對方，其推銷過程與周圍環境、推銷對象結合起來，及時抓住了所處環境的特點，恰到好處的利用了環境提供給他的條件，採用了與周圍環境極為適應的語言表達方式，化被動為主動，趁其不備，擊其要害，達到了預定的目標。

這種推銷方式是著名的「軟推銷」，透過減少顧客的牴觸心理、增加他們的認同感來達到銷售目的。

此外，猶太人特有的精明讓他們能夠隨機應變，在不同的場合、面對不同的推銷對象，都能夠獨特而有效的獲取對方的認同與好感，實現推銷的成功。

財富箴言：

向猶太人學習已經成為了當今世界的一個潮流趨勢，推銷亦是如此，我們要像猶太人那樣處事，了解他們的處事技巧，畢竟他們的民族經過幾千年的發展，歷經滄桑和磨難，他們的智慧是人類歷史長河的優秀結晶。

猶太人的財富密碼之四：合約高於一切的邏輯

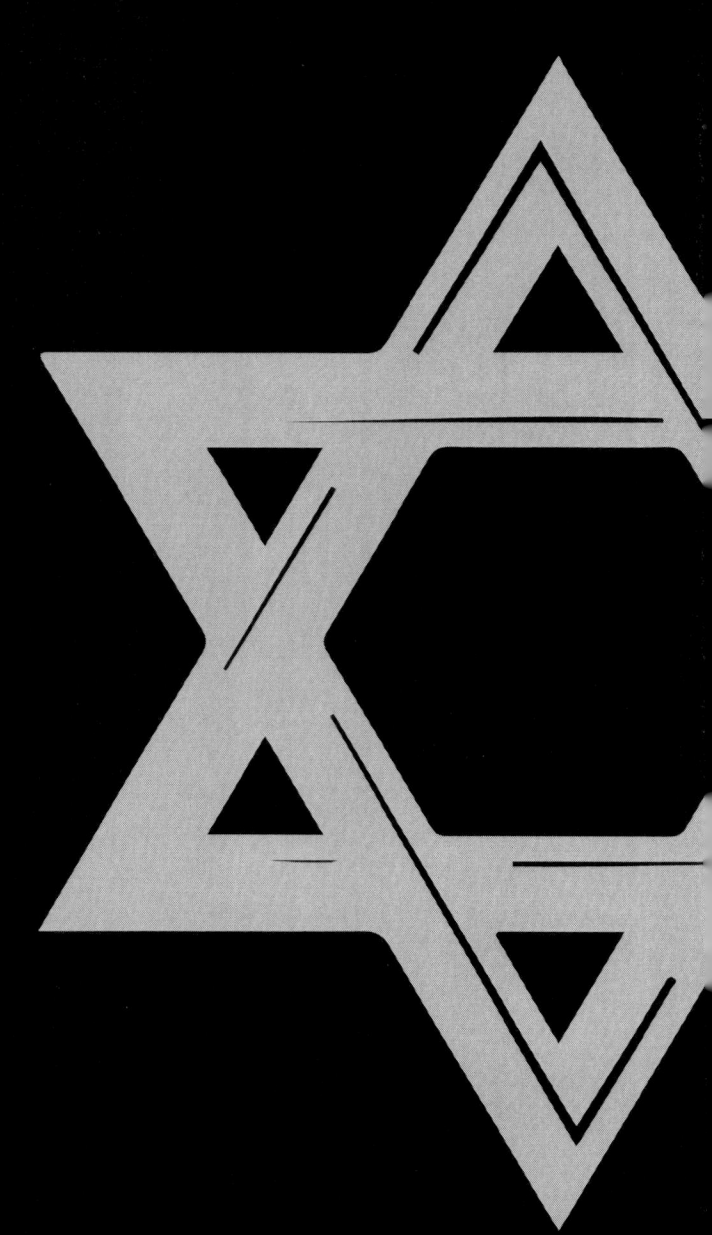

遵守合約不協商的猶太人約瑟夫

猶太人對合約的信守程度幾乎令人吃驚。他們簽訂了合約後，只要合約生效，即使明擺著自己要吃虧他們也要遵守；只要合約上面明確規定的，縱使只有一分一厘，猶太人也會爭取，毫不讓步。這些做法在其他人看來，認為猶太人有些不通情理，因循守舊，但是猶太人始終身體力行的堅持合約精神，把合約看成是神聖的約定。

猶太人作為生活規範的重要書籍《塔木德》上有一句話是這樣說的：「合約與合約一旦簽訂，就沒有協商的餘地。」猶太人做生意十分注重合約。因此和猶太人做生意要認真對待，而跟他們簽合約就更要打足十二分的精神。

約瑟夫是個信守合約的猶太商人，有一次一家出口商與猶太商人約瑟夫簽訂了一萬箱沙丁魚罐頭的合約，當時的合約規定：每箱二十罐，每罐一百克。但是出口商在出貨時，卻裝運了一萬箱一百五十克的沙丁魚罐頭。貨物的重量雖然比合約多了五十克，但是猶太商人約瑟夫拒絕收貨。這個時候出口商作出了讓步，同意超出合約的那五十克重量不收錢，而約瑟夫仍不同意，而且要求賠償。最終出口商無可奈何，賠了約瑟夫十多萬美元後，還得把這批貨物運走另行處理。

在這件事中，看起來約瑟夫不通情達理，連明眼人都能看出來的好處都不要。可是大多數人都不知道的是，事情並沒有那麼簡單，猶太人大都熟悉相關的法律，而且他們在合約中也明確規定：沙丁魚罐頭的商品規格是每罐一百克，而最後到的貨卻是每罐一百五十克，即使多出來了五十克，但是賣方並沒有按照合約的規定交貨，是違反了當初他們約定的合約。按國際慣例，約瑟夫完全有權以對方違約為由拒絕收貨並且索要賠償，約瑟夫這一行為是合法的。

一方面，有供求的問題，如果這一商品適應消費者的愛好和習慣的規格是一百克，那麼一百五十克的罐頭就不適應消費習慣，造成產品銷售出現問題，有可能造成更大的損失。

另一方面，還有可能給約瑟夫造成不必要的麻煩。如果他所在的國家是實行進口貿易管制比較嚴格的國家，就會造成實際重量與申請進口許可證的重量不一致的情況，進而遭到進口國相關部門的調查，甚至會被懷疑有意逃避進口管理和關稅，這是要被追究責任和罰款的，到頭來往往得不償失。

因此，在和猶太人簽訂合約時，要目標明確，確保語意表達沒有曲解的可能，杜絕模稜兩可的條約出現。這樣才能讓雙方遵照合約，絕對不可以毀約。猶太人認為，一旦簽訂了合約，就要嚴格遵守，這樣在展現自己誠信的同時還避免了不必要的損失。

由於猶太人十分看重合約，他們的合約精神也不容許他們在合約上犯錯誤，而且也嚴以律人。如果對方不嚴格履行合約，存在毀約行為，猶太人一定會毫不留情的訴諸法律，要求賠償。

財富箴言：

如今的商場，不確定因素增加，有一部分人僅僅看見了眼前利益就不嚴格履行合約，這種做法有礙於商業交往中誠信度的發展。猶太人教會我們：要透過守約建立一種帶有安全感的市場機制。

夏洛克的亡命合約

大多數猶太商人都非常看重合約，即使是《威尼斯商人》中的夏洛克也沒有背棄祖先的合約精神，在劇中，一方面夏洛克的形象是一個精明、吝嗇、殘酷的猶太商人；另外一方面，他也是一位守約守法的猶太人，這些都離不開他的合約情結。

夏洛克與安東尼奧簽訂借款合約時是慎重的，在開始考慮是否借給安東尼奧錢並簽訂一個借款合約時，他會先參考一下安東尼奧的人品。從別人評價「安東尼奧是個好人」這句話中確定了他的人品沒問題；而且，安東尼奧還是個有財力的商人，具有償還負債的能力，從而願意和安東尼奧簽這個合約。之後，夏洛克為了合約能有個合法的形式，還找了個公證人做了公證。

合約生效後，夏洛克守約，在安東尼奧違約時，他堅決按照合約上的規定履行，而且面對著對方「加倍償還」的補救措施，依舊堅持「即使這六千塊錢中間的每一塊錢都可以分作六份，每一份都可以變成一塊錢，我也不要它們；我只要照約處罰。」「你倘若想推翻這一張合約，那還是請你免開尊口。我已經發過誓，非得照約實行不可。」這樣看來，不管夏洛克是出於什麼目的，從這一方面也看出夏洛克是守約的，而且不讓別人違約，之後由於鮑西亞的涉入，讓夏洛克敗訴，反而要「被割肉」，這時候他表現出了願賭服輸的氣魄，接受了按照法律規定對自己財產的處理。即使很有可能變成一個窮光蛋，他也沒有違背法律的規定，表現出了認真的守法態度。

夏洛克的合約情結建立在當時威尼斯相對公正嚴明的法律制度上。夏洛克非常清楚，當時威尼斯的法律人人平等，即使是公爵也不能違反法律，於是當安東尼奧違約的時候，他就理所當然的認為威尼斯的法律會使他得到安東尼奧的一磅肉，威尼斯的法律不可能是一紙空文，不會為了一個安東尼奧就放棄那些與合約有關的法律規定。

雖然，夏洛克的合約情節形式合法，但是實質上是為了報復安東尼奧。古羅馬的法律對後世產生了影響，在他們的法典中，有一句話是這樣說的：「法律乃善良及公平之藝術。」這句話告訴我們，法律的內容不僅要展現善良，而且還要鼓勵善良的做法、阻止邪惡的行為和動機。惡意、惡行都是法律制度所靜止和不容的。在《威尼斯商人》中，夏洛克之所以不惜一切要安東尼奧按照約定實施，是因為安東尼奧曾經羞辱過他，也奪取過他幾十萬塊錢的生意，譏笑過他的虧損，挖苦著他的盈餘，侮蔑猶太民族，破壞他的買賣，離間他的朋友，煽動他的仇敵。夏洛克對安東尼奧是有一種咬牙切齒的恨意，正是由於這些恨導致了他的惡意，要求堅決履約。他的失敗就在於此時他處於與法律相衝突的地位了，連威尼斯公爵都說：「你是來跟一個心如鐵石的對手當庭質對，一個不懂得憐憫、沒有一絲慈悲心的不近人情的惡漢。」說明此時無論從法律上還是道德上都偏離了夏洛克，他成為一個不折不扣的失敗者。

在最後，他也陷入了合約中的漏洞，最後自投羅網。夏洛克在合約中規定一定要從安東尼奧身上割一磅肉，安東尼奧的辯護律師鮑西亞抓住了漏洞，按照約定中說的，夏洛克只能割一磅肉但是不能帶血；更難以做到的是，從安東尼奧身上割下來的肉必須正好是一磅。在面對這個幾乎不可能做到的情況下，夏洛克做出了讓步，他不僅放棄了「割肉」的要求，而且也不用安東尼奧還那三千塊錢，甚至還差一點把自己弄得傾家蕩產、鋃鐺入獄。讓夏洛克最後把到了自己簽訂的合約之下。一前一後的轉變，讓夏洛克訂定的合約從奪取安東尼奧性命武器，變成了保全安東尼奧性命的保障。最終，夏洛克被反對他的力量繳了械，做了失敗者。

財富箴言：

法治社會的基本就是完善法律法規，增強它們的合理性，這樣才能夠讓守法重約的精神在這個社會植根並成為一種基本規範，促進該國經濟與世界經濟的接軌，提高國際影響力。

精於鑽合約漏洞的猶太人

猶太民族在幾千年的漂泊中，仍然不忘《塔木德》的教誨，因而猶太商人大多數都是擁有良好的法律素養的人，他們非常知法也守法，在平時的生活和工作中，他們都會一絲不苟的遵守法律的條款，不觸犯一條合約規定。在另一方面，他們還會煞費苦心的研究如何透過鑽法律的漏洞來獲得更多的利益。但是從本質上來說，他們還是尊重法律的，鑽漏洞也只是耍耍計謀，打法律的擦邊球，還是合法的。

並不是每個人都能夠成功的鑽法律的漏洞，這需要有敏銳的眼光和機智的頭腦，可以這樣說，漏洞是留給那些聰明的人鑽的，很大一部分人只能在看起來嚴密無比的法律天文下，按照合約的規定，一條一條的去執行。在猶太人看來是相對容易的；他們把研究《塔木德》看作是人生義務，從年少到年老，身邊都離不開一本《塔木德》。他們可以悉心研究出那些法律漏洞，讓財源滾滾而來。所以，猶太人心安理得的利用那些漏洞，為他們賺取巨額財富。

猶太人認為在經商中只要誠信經營就是遵紀守法，在法律的範疇下，只要能賺錢，做什麼生意都可以。

猶太人不僅在具體金額上面精打細算，而且還有一般人學不到的思維上的精明。猶太商人在思維方式上用的所謂「逆向思維」。借助這種「逆向思維」，猶太人「倒用法律」並因此大發橫財，也讓別人無可奈何，只能怪自己沒有想到，錯過發財良機。

下面這個真實事例就是充分展現了猶太人「逆向思維」。

在二戰後，經過二十多年的經濟復甦，日本的經濟高速成長，對外出口額遠遠大於進口額，產生了巨額的貿易順差，使得日本的外匯儲備飛速成長，這個時候，日元面臨著升值壓力，美元日益疲軟。

在一九七〇年年初的時候，日本的外匯儲備只有三十五億美元，可情況有了很大的改變：從十月分開始，日本的外匯儲備像滾雪球一樣越滾越大，到第二年的八月分更是達到一百二十五億美元，其中光八月分一個月的外匯收入就達到四十六億美元，超過了戰後二十五年的累積。前後不到一年的時間裡，外匯儲備成長到一百五十億美元。而當時日本舉國上下還沉醉在自我感覺良好的狀態中，認為是國人辛勞工作，才賺取了這麼多的外匯儲備。

殊不知一場危機悄悄來臨：猶太人在這個時候大量向日本拋售美元，想藉由日元升值來賺錢。日本雖然有看起來嚴密的外匯管理規定，但是猶太人發現了一個大漏洞，就是當時「外匯預付制度」這一個條例規定對於已簽訂出口合約的廠商，政府提前付給外匯，鼓勵企業出口。這個制度有個缺陷，那就是必須允許退貨。猶太人發現了「提前付外匯」和「退貨」這兩個關鍵點。

就這樣，他們先與日本出口商簽訂了合約，而把美元賣給了日本，之後開始了耐心的等待，等到日元升值的時候，他們再以退貨的方式將美元買回來。就是這樣一賣一買，利用日元升值所造成的差價，就可以穩賺大錢。

終於有一天，日本政府再也頂不住外匯虛增的壓力，向全世界宣布日元升值，由一美元兌換三百六十日元變成了一美元兌換三百零八日元。

在短短幾個月的時間內，透過差價，一美元就淨賺五十二日元，而日本政府為此卻總共損失了八億美元，相當於每個日本人損失五千日元。事後，據相關部門了解，這些錢大部分被猶太人賺去了。日本人對此也表示束手無策，因為那些猶太人並沒有觸犯任何法律規定，他們精明的打著法律的擦邊球，靠這種獨特的智慧獲得大量財富。

猶太人善於採用「倒用」的經營思路，將日本原來為了促進出口而允許透過預付款來解除合約的規定，逆向成可以爭取預付款和解除合約來做一筆紙上談兵的生意。到最後，連日本政府也只能眼睜睜的看著猶太人以合法的方式把錢捲走。

他們在簽訂合約的時候，一方面也會反覆修改，把能想到的情況都考慮進去，不讓別人有漏洞可鑽；另一方面，他們又會向律師諮詢、了解相關的法律法規，看看這些規定有沒有漏洞可鑽，一旦發現有些模稜兩可的法律條文，他們就發揮他們靈活的頭腦，想盡辦法去鑽這些漏洞。

猶太人從不會違約，但是他們會透過鑽合約的漏洞，狡猾的獲得更多的利益，別人也就只有羡慕嫉妒恨了。

財富箴言：

猶太人用他們靈活的頭腦面對著複雜的商場，他們守法但是不受法律的約束，不死板的做法讓他們在商場中春風得意、遊刃有餘，透過這些思維上的精明，猶太人創造了一個又一個的商業帝國。

重視合約的猶太人

眾所周知，合約展現了一種合約關係，確定了雙方的權利和義務。

隨著現代經濟步伐的加快，商業交流中需要簽訂的合約也越來越多。合約簽訂的好壞關乎著雙方合作的進展和品質。守合約的企業會增加無形的影響力，吸引更多的企業與之合作；經常違約的企業往往受到大眾及對手的排擠，讓它們的發展舉步維艱。

因此，越成熟的市場一定是一個更重視合約的市場，猶太人在很早以前就重視合約，把守約當做立信的根本。所以與猶太商人做生意時，只要簽訂了就不用擔心他們會違約。

有一個猶太老闆和工人簽訂了合約，規定工人為老闆工作，每週結算一次薪水，但並不是以現金的形式進行結算，而是從附近的一家商店購買與薪水等價的商品，然後再由商店的老闆來結清帳目。一週後工人們卻氣憤的跑到老闆的面前說：「商店的老闆說，不給現款就不能拿東西，還是給我們現款吧。」之後商店的老闆也跑過來結帳，說：「貴處的工人已經將東西取走了，請付錢吧。」老闆一聽，迷惑起來，進行了反覆的調查，但是雙方各有各的說法，誰都不能證明對方在說謊。老闆只好花了兩份開銷。因為他同時向雙方作了許諾，但是商店的老闆和工人之間卻沒有僱傭關係。

這個故事看起來似乎太不合理，老闆為什麼要付雙份薪水啊，不是虧了很多嗎？肯定是有一方作弊了。但是沒有查出來到底是哪一方沒有遵守合約，而且與雙方簽訂合約的是老闆本人，在事實無法確定時他就會遵守合約上的規定來進行付款。

猶太人都是十分看重合約的，只要和他們簽訂了合約，你就不用再有後顧之憂了。他們信任合約、也會遵守合約，即使是口頭的允諾也會對他們有足夠的束縛力，因為他們相信「神聽得見」。守約有是猶太商人首先意識到的義務，而不是守某項合約的義務。

在這樣大的商業背景下，猶太人對於那些不履行合約的人會嚴格追究其責任，毫不客氣的要求對方給予賠償；而對於那些不遵守合約的猶太人來說，會被義無反顧的驅出猶太商界。

因此，在和猶太人的交往中，要想博得其信任，第一件事便是遵守合約，不管發生了什麼突變，還是在什麼特殊的環境條件下，都要毫無條件的做到這點。否則的話，猶太人絕對不會相信一個對他們的「神」不敬的人。

事實上，合約不僅受猶太人重視，而且成為世界各國商業活動普遍重視之事。所謂合約，即透過交易的洽談，一方被另一方有效的接受後，合約就宣告成立。合約經雙方簽字後，就成為約束雙方的法律文件，有關合約規定的各項條款，雙方都必須遵守和執行，任何一方違反合約的規定，都必須承擔法律責任。因此，簽訂合約的任何一方必須嚴肅而認真的執行合約。猶太商人的成功就與「重合約」有關。

財富箴言：

誠信是一面鏡子，鏡子裡映照的每個人都不一樣，誠信的人更美麗，缺乏誠信的人背影都是歪曲的，生命不可能在謊言的土壤上繁衍出一片綠色。

變通合約創造價值的猶太商人

當我們思維陷入死胡同，工作沒有進展時，不妨換個角度，從原有的思維方式中澈底獨立出來，形成一種新思維，就像一隻螞蟻爬到你的指尖，當你理所當然的認為牠沒有出路；或者回頭；或者掉下去的時候，螞蟻默默的順著指尖爬到另一面去了。學會在固定的環境下變通也是一項能力。

猶太人認為，合約一旦形成就不能改變，但是可以變通。經過《塔木德》的薰陶，猶太商人都具有良好的法律素養，他們不但嚴於守法守約，而且善於守法守約。他們能在不破壞約定的基礎上實現自己的目的，哪怕實質上不符合合約的原意，但是形式上他們還是守約守法的。

他們善於守約的例子比比皆是，大部分都是藉由履行合約的形式去取得另外的目的，在守法守約的形式下，取得違法或者毀約才能達到的效果。這不是說猶太人陰險狡詐，只是說猶太人的方法符合現代化法治的本質和精神，值得那些精明的商人去學習。

說到變通合約，《塔木德》裡有這樣一個故事：

在很久以前，有一個聰明的猶太老商人，他是個虔誠的猶太教徒，當兒子長大後，就讓兒子去遙遠的聖城——耶路撒冷學習。光陰如梭，有一天，他染上重病，預感到自己就要不久於人世了，家裡當時只有一個奴隸，兒子還在耶路撒冷，病床上的他留下了一份遺囑，上面寫著：家裡的所有財產都傳給奴隸，如果在這些財產中，兒子想要的話，可以讓給兒子但是最多只能是一件。

不久，這位老人就去世了，他的奴隸得到了財產很高興，把他厚葬後日夜兼程趕到耶路撒冷，把這個悲痛的消息告訴他的兒子，並把遺囑拿給他兒子看，兒子看後既傷心，又對父親這一做法非常不理解。

兒子一直在盤算自己怎樣才能得到這筆財產，但是按照遺囑，只能得到一件。為此，他非常苦惱，就跑到老師那裡去訴苦。老師也是個睿智的猶太老人，了解情況後，老師對他說：「從遺書上就可以看出，你父親智慧非凡，而且真心愛你。」

兒子卻毫不理解的認為：「父親把所有的財產都給了奴隸，只留給我一件，對我一點都不關心，這種做法並不明智。」

看來他還沒有理解，老師就讓他再好好想想，只要了解了遺囑的弦外之音，就可以知道他的父親有多麼用心良苦。老師告訴他：「如果遺囑上你的父親說財產不給奴隸，而你又不在身邊，那個奴隸很有可能會帶著財產逃走，你的父親也得不到安息；而立了這樣一個遺囑，奴隸就會願意厚葬他，並且保管好財產跑到這來見你。」

兒子聽完老師這段話，還是沒明白究竟遺囑精妙在哪裡。老師見他還是不明白，就跟他說：「現在法律規定奴隸的所有財產屬於他的主人，而你父親留給你一樣財產，你只要選那個奴隸就可以得到全部財產了。這足以說明你的父親對你關愛有加。」

兒子這才明白，最後他如願以償得到了財產。作為回報，還幫那個奴隸恢復了自由身。

這個故事中，猶太人定的遺囑並沒有毀掉，而是運用了一個「空心湯圓」的計謀，讓奴隸心甘情願的去見自己的兒子，最終把財產安全的送到了兒子的手中，這也展現了猶太人在訂約守約上的獨特智慧，讓他們很少吃虧。

在這個誠信時代，隨著商業化步伐的加快，合約的訂立越來越頻繁。我們必須像猶太人那樣既要守約，又要善於訂立合適的合約，在訂約的時候一定要考慮周到，不留漏洞。

在商場上，猶太人面對合約有另外一種理解，在他們看來關鍵在於合不合法，而不是道德不道德的問題。

財富箴言：

現今的商業活動中，我們既要遵循遊戲規則，以誠信為根本，合法不觸犯相關法律和合約規定，又要靈活變通，學會從合約中發現巧賺錢、賺大錢的機會。只有這樣，我們才能承受住市場殘酷的考驗，在商場上立於不敗之地。

懷疑合約是喪失魄力的主因

猶太人把合約看得很重，訂立合約後雙方就是合作關係，不能懷疑對方會違約，否則會影響他們與你合作的興趣。

如果一個商人在和猶太人交往時，如果和他們有交流上的問題，或者不滿意他們的行為舉止，只要在和他們訂立合約之後，就不要懷疑猶太人會不守信用，怕他們會因為自己的態度問題而違約，於是帶著負面情緒遵守合約，合約進展緩慢，效率低下。猶太人有一個關於合約的原則：除了猶太人之外，不信任其他的人——連自己的妻子也包括在內。這個原則已經在猶太人之間形成和運用了四千多年，並且屢試不爽。

在商場上，猶太人的做法是：如果對方是猶太人，無論有沒有合約，只要他口頭答應了，就可以信任；反之，如果對方不是猶太人，縱然有合約約束，也不可信任。

商場如戰場，事關錢的時候，猶太人對任何人都心有戒備，尤其是對非猶太人。

藤田是日本的「漢堡大王」，被人稱為「東方猶太人」，猶太人跟他的關係很好。

有一次，一位好心的猶太朋友對藤田說：「藤田先生，我來告訴你一個我們猶太人用了四千多年的原則吧，這個原則都不需要用任何方法來證明他的正確與否。那就是我們猶太人在平時不相信任何人，但是只要訂立了合約，就會百分之百的信任對方，不會對別人有一絲的懷疑，他們愛錢，但是更加尊重合約。」

事實也是如此，當時的日本人在和別人訂立合約後，老是懷疑對方會毀約，對另一方各種不滿意，猶太人不會這樣，他們重約守約，不會懷疑對方，因為在簽訂合約的時候，他們就考慮到了各方面的可能性，他們不擔心這一點，一旦對方違約，對方必然要賠償損失，這樣他們也不會虧本。

藤田對於這個朋友的責罵建議也是受益匪淺，但是他終究不是猶太人，沒有把這個猶太朋友的忠告記在心上。有一次，他在義大利的一個皮鞋店訂做皮鞋，訂單早就訂好了，可是他仍然不放心，生怕他們不會像訂單裡要求的那樣使用小牛皮的材料，也懷疑他們的手工是否會馬虎，他心裡忐忑不安，不停在店裡來回踱步，用一種懷疑的眼光盯著那個老闆，這個時候，由於這個老闆脾氣暴躁，看出了他的心思，就指著他破口大罵：「你們這些塌鼻子的日本人開始穿鞋子的歷史才不過百年光景，我們義大利人已經穿了兩千年，你不放心的話，就請到別家店去做，我們不做你的生意！」

這時他才記起猶太朋友的話，於是羞愧難當，用沉默來表示他的歉意，化解矛盾。

可以說，精明的猶太人是誠實的，他們碰到別人違約的時候，必定冷靜的說：「你不必說理由，說也沒用，快點賠償損失！」猶太人也不必和對方爭吵，可以默默的撈一大把賠償金，各位千萬別忘了「沉默是金」！

財富箴言：

相信合約的力量就是誠信的開始，懷疑常使人喪失信心和機遇，自信的人更容易獲得成功。決心做一件事的時候就不要畏畏縮縮的，畏懼和懷疑是成功路上最大的障礙。

合約的力量是猶太人的智慧箴言

如果一個人對猶太人違約了，那麼猶太人就會懷疑這個人的道德素養也有問題了。在猶太人看來，合約是衡量一個人道德品格的天秤，重約、守約意味著天秤傾向於高尚，違約、毀約則意味著離素養敗壞越來越近。

《羊皮卷》既教會了猶太人要重視合約，重視聲譽，又讓猶太人在做生意的時候處處都以合約為準。為了使生意做得更有效率和收益，他們往往用合約的信譽來構築屬於猶太人的商業奇蹟。有了這守信守約的「金字招牌」，我們在和猶太人做生意時，就可以放下心，安心按照合約上的規定做就行了。《塔木德》中說，猶太人存在的理由就是因為上帝與他們簽訂了合約，如果不遵守合約就會惹怒上帝，上帝就會降臨災難給那些違約的人們。因此，猶太人在經商的時候，把誠實當做是最高的商法，他們在經商時不欺詐、遵守合約，他們始終相信，只有平等的交易和公證的執行，才能夠得到更多的利益。

猶太人被稱為上帝的「特選之民」，他們之間的關係正如《聖經》中記載的那樣，合約關係把上帝耶和華和猶太人連在一起。猶太男子在出生第八天就要被父母帶去做「割禮」，將他們的包皮割去，這一習俗可以作為上帝和猶太人之間合約關係的證明。同時，還敘述了上帝授意猶太人要在歷盡流浪的痛苦後等待他們的救世主——彌賽亞的到來，到那時，所有的人必將得到救贖，上帝會降下彩虹作為和猶太人訂立合約的見證。他們認為作為一個人，其存在的意義就是履行和上帝簽訂的合約。人類要想存在，就必須靠合約，合約是聯繫雙方的紐帶，是人存在的理由。

在歷史上，古希伯來（猶太）民族本身是由許多游牧民族混合起來的一個部族，他們在開始的時候是被當地的一些首領僱傭的作戰士兵，他們依附於主人，和擁有那片土地的主人是一種主僕關係，而且他們的關係還有歷史依據。在對早期猶太人聚居地的一些考古發現，在那個年代，他們的私人信件就提及了他們和主人立約是自願為僕、主人在世期間合約一直生效，這些都說明了猶太人重約、守約是一種傳統。他們的祖先在生產水準極為低下、茹毛飲血的原始部落時期就產生了對後世有深遠影響的合約意識。當今的猶太人如此重視合約精神是有歷史依據的。

後來，希伯來人經過很長時間的一段漂泊流浪，終於在迦南定居，當時這個地方已經是一些商人往來的商道，每天都有形形色色的商人和商隊從這裡浩浩蕩蕩的穿過，許多希伯來人已經充當了商人和僱工的角色，也會訂定許多合約，希伯來人原始的合約觀念的烙印也是在這時深深刻下。

因此，猶太人極為注重合約，一方面他們認為合約是和上帝簽訂的，是神聖和美好的；另一方面，他們在和別人訂立合約的時候，會在談判中千方百計的迷惑對手，為自己獲得更多的收益，因為他們明白，一旦在合作中簽了合約就必須無條件履行，所以在這之前，他們充分發揮自己的聰明才智，仔細推敲斟酌，小心謹慎的讓合約看起來非常完美、沒有缺陷。而且，由於各個國家對合約的態度不一樣，作為世界商人的猶太人，他們在與別人有商業往來的時候，總會留心該國的法律法規，進一步了解對方是否會守約。他們不相信任何人，在開始的時候，他們往往是謹慎而懷疑的，他們忌諱的是對方違反約定，當一個人對猶太人毀約時，那麼這個人終生都不會再被猶太人相信。他們還會在整個商業團體中廣為傳播，讓這個毀約的人的生意走上絕路。因為對於信奉猶太教的猶太人來說，毀約相當於對他們神的一種褻瀆。

財富箴言：

只有遵守合約才能贏得別人的信任，不管發生什麼變故和處在什麼特殊的環境，都要努力遵守合約，如此，才能發揮合約的力量，讓我們的信譽增加、贏得客戶。

猶太人的財富密碼之四：合約高於一切的邏輯

猶太人的財富密碼之五：守住做人底線

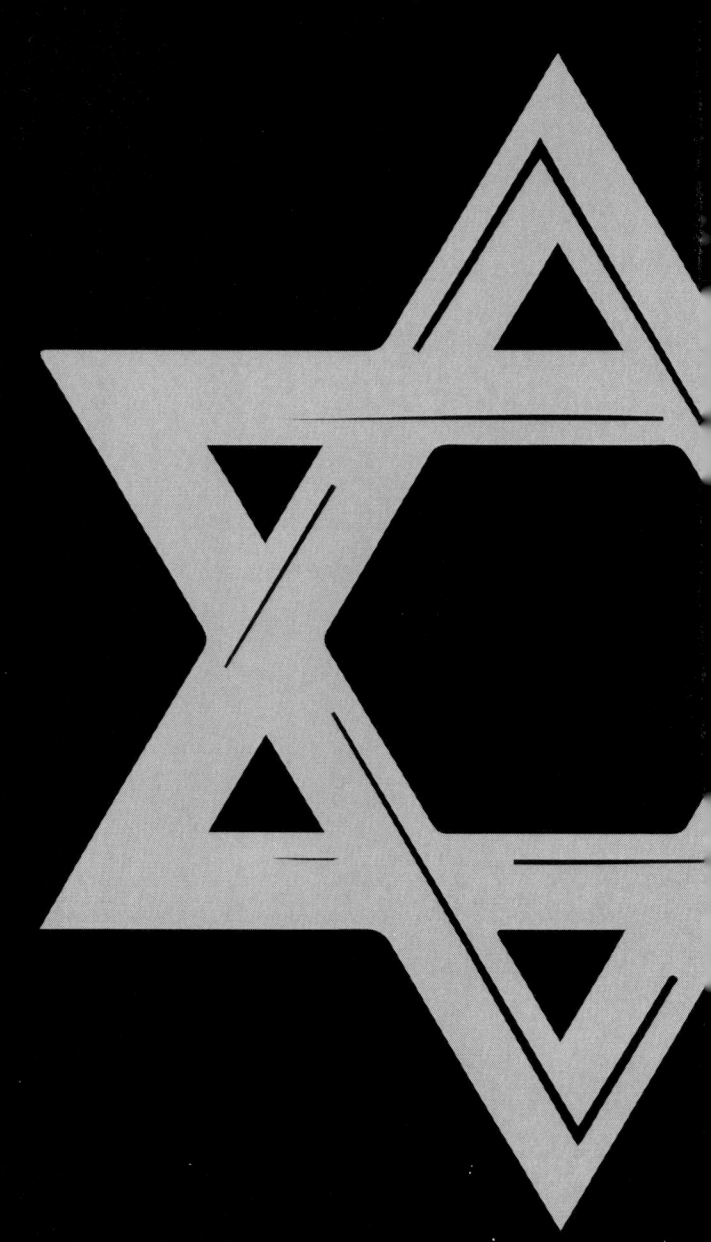

依靠優良品德而成功的馬莎百貨

現實生活中，無數的事實佐證了這麼一個真理：一個人若是沒有優良的品德，做什麼事情都帶著功利色彩，做什麼事情都要求回報，即使他有再多的才華，終究成不了大器。這個真理對於猶太商人來說，似乎是一種約定俗成的習慣了。在與別人做生意的時候，幾乎所有的猶太商人都能主動恪守一些道德的底線，並永遠也不打算觸碰它。即使在生意中遇到了再大的困難，也不會走歪門邪道，因為他們深信自己的所作所為都被上帝看在眼裡，若是用一些不正當的手段獲取財富，終有一天會得到上帝的懲罰。

英國有一家非常大的百貨公司，它的名字叫「馬莎百貨」，這家百貨公司是由兩兄弟西蒙・馬克斯和西夫・馬克斯創立的。

他們的祖籍是在俄國，西元一八八二年，父親米雪兒決定舉家移居到英國，在英國，米雪兒從小攤販做起，後來存了錢便在里茲市場開了雜貨鋪，之後便發展成在各個市中都有連鎖店的中型公司。一九六四年，西蒙和西夫開始對這些連鎖商店進行了一系列的改革和調整，米雪兒從而累積了更加雄厚的資金，貨物價錢不僅價廉，而且品項也更加齊全了。

兄弟二人的公司，雖以貨物便宜來贏得顧客，但是很注重貨物的品質，真正做到了「價廉物美」。引用一些相關報導的話來說，這家百貨公司將引起大市場的澈底變革。因為以前只要人們穿上新衣服，別人就能分辨出他是窮人還是富人，因為高品質的衣服往往很貴。馬莎百貨就以此為契機，專門加工製作一些考究的服裝，然後降低價格，薄利多銷。這樣人們就能花最少的錢把自己打扮成一個富商或淑女，顛覆了以「貌」取人的價值觀。現在在英國，這家公司的商標「聖米雪兒」成了一種優質的代名詞。

這家百貨公司在為顧客提供令他們滿意的商品的同時，還提供了最貼心的服務，該公司售貨員的高素養和彬彬有禮的態度已成為英國商界中的一個典範。西蒙和西夫這兩兄弟在選用員工的時候，就像苛刻的挑選他們所經營的貨物一樣，澈底讓他們的百貨公司成為「購物者的天堂」。

西蒙和西夫兩兄弟在服務顧客的同時，也很周到的為員工做了考慮。他們對員工的要求很高，但為員工提供的一切物質條件也是最好的，除此之外，他們還專門為員工設立了一間醫院。正是這些誘人的工作環境和條件，有人就把馬莎百貨稱為「一個私立、福利制度很好的國度」。

西蒙和西夫兄弟兩個能先拋開自己的利益不顧，把顧客和員工的利益放在了第一位，這麼做無疑是值得讓人學習和尊敬的，那麼他們公司的營運情況怎樣呢？社會各界普遍認為馬莎百貨是國內甚至全球同行業中的佼佼者，公司的實力也是與日俱增，並且吸引了大量的投資者。

猶太人在哪裡生活，就應該在哪裡生根，這是猶太商人千百年來遵守的一個處世信條。他們在經商中不但能遵守道德的底線，更能與其他民族友好相處，必要的時候他們還能拿出自己的財富來幫助那些需要幫助的同胞或者是非猶太人。他們深信只有對人坦誠以待，才能贏得他人的信任，才能擁有無數個朋友；而唯有這樣做，猶太民族才能更加繁榮昌盛。

《羊皮卷》指出：金錢是商人經濟之根基，而品德是信譽的保證。一提到經商，人們第一個想到的成功因素絕對是：聰明、眼光獨到、機會等等。然而人們不會察覺到，有時候，品德往往在不經意間決定了一切。

財富箴言：

猶太人由於長期沒有國家，不知不覺間他們就成了全世界的公民；猶太商人由於沒有固定做生意的市場，不知不覺間他們就成了全世界的商人。猶太商人為了賺錢能不辭辛苦的四處奔波、轉戰南北，做成一筆筆大小生意。哪有生意可做，猶太人看誰都是朋友。他們不僅自己天馬行空的四處奔波尋找賺錢的機會，而且還鼓動別人也這麼做。

只拿屬於自己的

金錢對於猶太人來說固然重要，但是猶太人能守住做人的底線，誠信經商，只拿該拿的錢，這種品行是值得讚揚的，在拜金主義盛行的今天，有多少人能抵制金錢的誘惑、堅持自己的立場？或許他們的立場只為了金錢而堅持，卻失去了做人的基本道德。猶太人能夠憑藉自己勤勞的雙手和智慧的頭腦去賺錢，不屑於做出賣靈魂的勾當。

某天，猶太家庭主婦薩拉購物歸來，在整理戰利品時，意外在購物袋裡發現了一枚精緻的戒指，這枚戒指並未列在帳單之上，肯定是百貨公司弄錯的。薩拉為了處理這枚戒指而感到疑惑，於是和她的小兒子說了這件事，最後決定和兒子一塊去拉比那裡尋求幫助。

拉比知道後，沒有直接指明如何去處理此事，坐在那給母子倆講了《塔木德》當中的一個故事：

從前，有一位辛勤的拉比，平日裡以砍柴維持生計，每日都需要將柴禾背進城去賣，這位拉比為了不必那麼辛苦，於是決定買一頭驢來幫忙。

拉比在集市上左挑右選，最後在一位阿拉伯商人手中買回一頭強壯的驢。當他的妻子看到拉比真的將驢買了回來，興奮的大叫起來，一邊打量驢子的長相，一邊親暱的撫摸驢子的脖子，結果在驢的脖子上摸到了一塊硬硬的東西，她低頭仔細一瞧，原來是一塊光彩奪目的大鑽石。妻子開心極了，她想這下子我們一家可以擺脫貧窮過上富裕的日子。可是當妻子把鑽石交給丈夫拉比的時候，拉比二話不說，拉著妻子就到集市上找那位阿拉伯商人，將鑽石還給了他。拉比說：「我的錢僅僅能買一頭驢，是買不起鑽石的。我只拿屬於我的東西，這才能讓我心安理得。」

那位阿拉伯人驚訝的嘴都合不攏了，他問拉比：「你買了這頭驢，而鑽石就在驢身上，你完全可以據為己有。你為什麼要這樣做呢？」

拉比笑了笑回答說：「這是猶太人千古不變的傳統。我們只拿用錢買到的東西，所以我不會拿這不義之財，鑽石必須還給你。」

阿拉伯人聽後心生敬佩，虔誠的說：「你們心中的神必然是世界上最偉大的神。」

聽了這個故事，婦人當即就回去把戒指歸還給了百貨公司。拉比在他臨走的時候叮囑她：「如果對方詢問妳歸還戒指的原因，妳只要說一句話就行了：『我們是猶太人。』請讓妳的孩子和妳一起去，讓他親身感受一下這件事情，他必將終身難忘母親在那一刻光輝的形象。

《塔木德》上有這樣一段話：「最智慧的人是那些以人為是的人，最富有的人是對自己所擁的感到滿足的人，最強大的人是那些善於克制自己的人。」這句話的意思是說，一個人對什麼都有貪欲，那麼他就是不自由的。

猶太商人認為：想要有一個美好的人生，唯一的辦法就是加強自己的修養，不貪小便宜，用自己的工作獲取財富，而不是去拿一些不屬於自己的東西，這樣才能享受真正的人生樂趣。

在猶太人的看來，賺錢雖然很重要，但是他們更注重的是品德，而品德恰恰是一個人最真實的自我反映。所以，他們在自己的孩子小的時候，就開始對其進行一系列的品德的培養。他們對孩子的教育並不是傳統的說教或打罵。他們會身體力行，告訴自己的孩子什麼事情該做、什麼事情不該做。他們深知，從小對孩子進行品德的培養，讓他們養成良好習慣，對以後的人生將有非凡的意義。

一個人若是能讓自己的肉體聽從靈魂，那麼他就不會被一些欲望吞噬掉，也能快樂的去生活。一個總是貪小便宜的人，會遭到所有人的譴責和唾棄。一個人在對待一些物質的東西時要能淡然看待，如果貪婪的想要所有的一切，結果可能什麼也得不到，甚至會失去自己已經擁有的財富。

也正是由於猶太人能用平常心看待錢財，他們懂得平衡自己欲望，因此，猶太人也會努力不懈的追求金錢，但是在失去它們的時候，也不會太過傷悲。正是有了這種平常心態，猶太人才能在商海中立於不敗之地。

財富箴言：

真正意義上的成功，並不是不顧一切的實行自己的計畫，而是能善於利用別人的智慧和金錢，以開啟另外一番事業。生意之所以賠錢，是因為經營者沉浸在成功中無法自拔，不能警惕身邊潛在的危機；凡事以個人為中心，聽不進別人的意見，無形之中就喪失了成功的良策，倒退成獨自奮鬥的局面。

烤爐麵包運貨員

人們對猶太商人冠以「世界第一商人」美名，可謂是名副其實。在猶太民族不斷和其他民族交往的過程中，作為一個流浪了兩千多年的勢單力薄的民族，不僅沒有被其他強大的民族同化或統治，反而能不斷的增加人口、大把的賺錢，這不能不說是一個奇蹟。

其中一個最重要的因素就是猶太人做到了誠信經商、尊重別人、互相寬容等良好道德操守。也正因為如此，猶太人才贏得了全世界的稱讚，並把他們的品格作為自己衡量自己行為的準則和底線，這在當今競爭激烈的商業社會中無疑是一份寶貴的財富。

在猶太人看來，誠信是衡量一人是否善良的標準，所以猶太人在和別人做生意時，最在意的是看對方是否有誠信。對於一個不講誠信的人，他們是不會原諒的。尤其是在猶太人和猶太人之間，他們更是把誠信放在第一位，同時，猶太人也非常重視合約，一旦簽訂了就要無條件的遵守，絕對不允許有毀約的情況。

下面這個真實故事也說明了誠信的重要性：

美國有一家大型的名叫「棕色漿果烤爐」的漢堡公司。公司的營運準則很簡單，僅有四個字：誠實無欺。公司向顧客承諾：凡是賣出去的漢堡都是最新鮮的，絕對不會賣超過兩天的麵包，若是有滯銷的漢堡，公司收回。

有一年夏天，公司所在的州的一個地方發生洪水，致使那裡的食物奇缺，人們爭相購買漢堡，但是公司依然按照規定將超過兩天的漢堡運回公司，但是走到半路，受災的人們就將車攔住，然後吵著要買過期的麵包。但是運貨員說什麼也不同意。他一臉無奈的解釋說：「不是我不肯賣，而是公司規定不准賣給顧客過期的漢堡，如果有違反者立即開除。」三令五申的規定，大家以為這是運貨員故意這麼做的，就要動手來搶。

這時候，一個記者過來對運貨員說：「現在是人們受難的日子，你總不能讓人們看著這一大車漢堡挨餓吧！」運貨員聽了之後，低頭想了半天，最後悄悄對記者說：「我依然堅持遵守公司的規定，你們要強行購買，那就沒我的事了。你們把可以把漢堡拿走，但是要憑良心給點錢。」就這樣，一車麵包轉眼間就被搶光了。運貨員還特意讓記者拍下了人們搶購麵包的場景，以向公司證明這不是他故意做的。

後來，這個記者在報上大肆報導這件事情，人們一下子記住「棕色漿果烤爐」漢堡公司，並產生了好感，公司的效益直線上升。

縱觀猶太人的經商史，完全可以看成一部誠信和履行的歷史。猶太人無論對誰有了許諾，都一定會想辦法兌現，即使有再多的風險和困難也要承擔起來。同時，他們深深相信對方也一定會全力以赴兌現自己諾言，因為他們知道自己之所以能存活下去，是因為和上帝簽訂了合約，如果不按條約去履行，就意味著打破了和上帝的關係，會給人類招致重大的災禍。在簽訂合約之前，完全可以協商，也可以加碼，甚至還可以拒絕簽約，這些都是我們的權利，一旦在合約上寫了自己的名字，就要承擔其相應的責任，並認真的去執行。

猶太人從不輕易毀約，他們把簽約看成聖潔的，絕不能因為毀約而玷汙了那份聖潔。他們幾乎每個人都有非凡的談判本領，每次談判都能實現心中最理想的價碼。猶太人最討厭違約者，一旦有人違約，他們就會嚴肅的指責違約者，並毫不留情面的要求對方賠償損失。

重信守約已成了猶太人生活習慣的一部分，人們在相互做生意的時候一般不用紙質合約，只是做些口頭允諾。口頭的允諾會更具有約束力，因為「神能聽得見」。

《塔木德》認為：「律法是相對的，政治是相對的，國界是相對的，甚至道德也是相對的，只有你承諾過的合約是永恆的。」可見信守合約在猶太人看來是多麼重要！

用誠信經商是猶太商人獲得財富的真諦。在現代商業社會中，很多企業已經將猶太人恪守信用的品格當做與對手的競爭手段。注重經商的誠信，視誠信為經商的靈魂，這是猶太人走到哪裡都會讓人喜歡的原因。

財富箴言：

明智的人，透過對利弊的比較和考察，選定應該以何種方式來滿足自己的欲望，它甚至比哲學更珍貴，正是由它而產生了其他一切美德。理智的人還應該保持冷靜，不因一時衝動進入自己根本不熟悉的領域，這樣就可以避免損失與慘敗。

不取不義之財

生活中，世俗和輿論給人們在追求個人利益過程中限定了一個範圍和標準，那便是以義制利。猶太人認為：對個人利益的追求，不超過義的範圍，要求便是正當的；凡超過了義的範圍，那麼要求就不是正當的。在追求利益上，問題的關鍵不是該不該去追求利益，而是在所追求的利益是否合理。只要符合義的要求，即使像舜繼承了皇位，也是合理的；相反，如果超出了義的要求，那要求便是不合理的，即使是無足掛齒的一分錢，也不應該要。

如此看來，既然追求利益的時候要仔細審視是否符合義的要求，那麼在有機會取得利益的時候，就要先思考是否符合道義，以此來決定取捨：符合道義的就一心求取，不符合道義的就斷然拒絕。

羅斯曼是猶太人，他大學畢業後應聘到一家外貿公司工作，由於工作勤奮努力，很快就被總經理發現並提升為部門主管，專門負責和法國的一家公司的合作。一次，羅斯曼和這家公司共同開發一個專案，經過好幾天的輪番談判，雙方才談好合作條件。為了表示他特別看重這個項目，法國總公司的行銷部總經理親自到以色列簽約。簽約後不久，雙方就開始進行了交易。可是沒過幾天，公司的財務部就向羅斯曼報告，說是公司帳上多出了一千萬法郎，要求核對帳目。羅斯曼對此事非常重視，他立即行動核對公司所有的帳目，最後發現原來是在和法國公司的合作當中，對方的財務人員因為某種失誤造成的。羅斯曼當時打了電話給法國公司說明了這個情況，隨後親自攜帶這筆鉅款到法國，準備歸還這筆錢。

羅斯曼這種行為感動了法國公司的總經理，他也看出了羅斯曼是一個正直的人，他們公司也是一個很好的合作夥伴。為了表示感謝，法國公司總經理便讓行銷總經理把合作的條件放寬一點，結果給羅斯曼公司帶來了更加豐厚的收入。

羅斯曼不取不義之財的行為贏得了公司長期獲利的機會。

從這個故事我們就能看出，猶太人在對待金錢的態度上是十分有原則的，正所謂「君子愛財，取之有道」。

生活中，有些人看到別人擁有財富，不由得嫉妒和羨慕，可是他們並不知道，別人也是靠自己的努力得來的。財富是一點點聚少成多累積起來的，這個世上沒有不勞而獲的好事，只有透過自己的辛勤工作和努力，才能獲得幸福感和成就感。

可還有很多人，成天無所事事、好吃懶做，天天沉浸在自己的幻想之中，做夢都想一夜暴富，過上錦衣玉食的生活。甚至是鋌而走險，做出傷天害理的事情，但是自己也為此付出了沉重的代價。

錢，人人都愛，但要取之有道，永遠記住：用自己的努力和汗水賺來的錢用起來才能放心、安心。做人就應該堂堂正正，不處心積慮謀取不義之財，就是再窮也不違背良心去做一些見不得人的事情。日子雖然過得比較窮，但是過得安穩、心安理得，最起碼沒喪失人格和尊嚴，不像那些獲取不義之財的人，雖然富有，但是提心吊膽的生活，害怕有一天東窗事發，受到法律的制裁，到那時人財兩空，得不償失。

如果一個民族的靈魂開始變得骯髒了，那麼就意味著總有一天民族也會毀滅。猶太人深刻的財富像一面明鏡，值得人類去學習和借鑑，靈魂的聖潔是最美的時刻。經商者應謹記：不取不義之財，才是長遠發展的大計。

財富箴言：

猶太人認為賺錢金錢是最正常的、最天經地義的生存手段，如果明明有能力賺錢而不去做，那就好比犯罪，要受到上帝懲罰。猶太商人的賺錢法則是多用智謀少用強硬的手段，猶太人認為，在金錢和智慧當中，智慧的重要性遠遠要超過金錢，因為只有智慧才是真正的財富，能賺到錢才是真正的智慧。這樣一來，金錢變成了智慧中的東西，只有把智慧融進金錢中，才是真正的智慧。

生意場上永遠保持警惕的猶太商人

從生活的角度來講，人們常常不在意事情的本質，不去客觀理性的思考存在的問題，更無從談起警惕一些潛在的危機了。比如在商界之中，有的老闆整天忙得不可開交，恨不得手腳並用，但是麾下的公司的效益卻是一日不如一日；而有的老闆整日悠閒自在，事業卻日漸好轉……。

種種表象之下，雖然潛伏著無數危機，但是也有無數次反敗為勝的機會，而這也正契合了這樣一個道理：世間萬物的循環都有它的規律，正是因為有了潛在的危險，才能讓人們時刻保持警惕，在做到防患於未然的同時也獲得了成功。

猶太人能時刻保持對事物的高度警惕，他們對每一次的生意都有足夠的重視，這樣做有兩大好處：其一是不會因為對方先入為主而放鬆防範，相反的，他們會有充足的戒備來防止對手可能做的一切不利自己的事情；其二是保障了第一次自己努力賺來的錢能再次獲利，不至於斷送在第二次合作中，心有舊念而做出讓步。

下面用一個故事來深入淺出的論證這兩點好處。

日本商人小泉三郎和猶太畫家拉法德十多年的老友，常常在一起吃飯喝酒。某次，小泉特地在飯店宴請拉法德。待小泉和拉法德像往日一樣寒暄之後，便賓主落座，藉著等菜的時間，拉法德取出紙筆，給一邊閒聊的飯店老闆畫起了素描。

十分鐘過後，速寫便好了。小泉三郎談過身子一看，真不愧是畫家，活脫脫將老闆的形象表現得淋漓盡致。小泉三郎聲不禁失聲稱讚道：「妙，真是太妙了。」

聽到老友的誇獎，拉法德便重新調整了自己的坐姿，面對著小泉三郎又低頭飛快的勾畫，還不時的抬頭伸出左手的大拇指子，對著他上下移動。畫家都是用這種簡單的方法，估算人的各個部位以確定畫的比例大小。

小泉三郎也很聰明，一看拉法德的動作就知道這是為自己做速寫。他立即就挺直了腰板，規規矩矩端坐不動，讓拉法德畫。

小泉三郎雖然身體不動，但是眼睛一直看著拉法德，他一會低頭勾畫，一會又向他豎起大拇指，就這樣十分鐘過去了。「好了，完成了。」拉法德放下筆，長舒了一口氣笑著對小泉三郎說道。

一聽這話，小泉三郎急忙湊上身子一看，不禁大吃一驚。原來拉法德根本就沒給小泉三郎畫素描，紙上畫的是一個放大的大拇指。

小泉三郎氣憤的說指著拉法德：「虧我認真坐了那麼長時間，到頭來你卻戲弄我。」拉法德卻毫無愧疚的對他說：「我聽說你做生意很精明，所以想考考你。你也不問問我是給誰畫，就認為是在畫自己，還規矩的坐了那麼長時間。從這點就能看出來，你和猶太商人相比起來，還是有很多差距的。」

小泉三郎這時才恍然大悟，明白自己在第一次見到拉法德畫完老闆後，第二次面對自己的時候，就以為畫自己了。

猶太人認為想要賺更多的錢，就要把感情和生意分開。猶太人經商所遵循的祕訣從表面上看幾乎是沒什麼高明之處，但只要細細品味，就能發現其中大有乾坤。「重視每一次生意」，就是這麼一條老生常談的法則，它卻凝聚了猶太人幾代人的智慧結晶和處事經驗。

在今天的社會中，幾乎每隔一段時間新聞就報導出各種合約詐騙案，很多人之所以上當受騙就是因為單憑朋友的關係，或僅僅是因為一面之交而中了別人圈套，從而導致自己的財富受到損失。面對如此殘酷的現實，難道我們還不應該將「重視每一次生意」作為自己經商活動中的警言嗎？

財富箴言：

猶太人的經商法則中有一條是看準別人的嘴巴，這是普通人也可以輕易做到的事情。猶太人所說的「嘴巴」生意，指的就是和吃相關的生意。從小的方面來講，猶太人的主張是經營一些小的糖果店、小吃店等，因為想要把生意做大就一定要從最小的做起；從大的方面來講，猶太人則主張開一些大型的飯店和酒吧等，這時候就意味著，原始累積已經足夠，可以把眼光放在更大的生意上了。

猶太人的財富密碼之六：與風險「親密接觸」

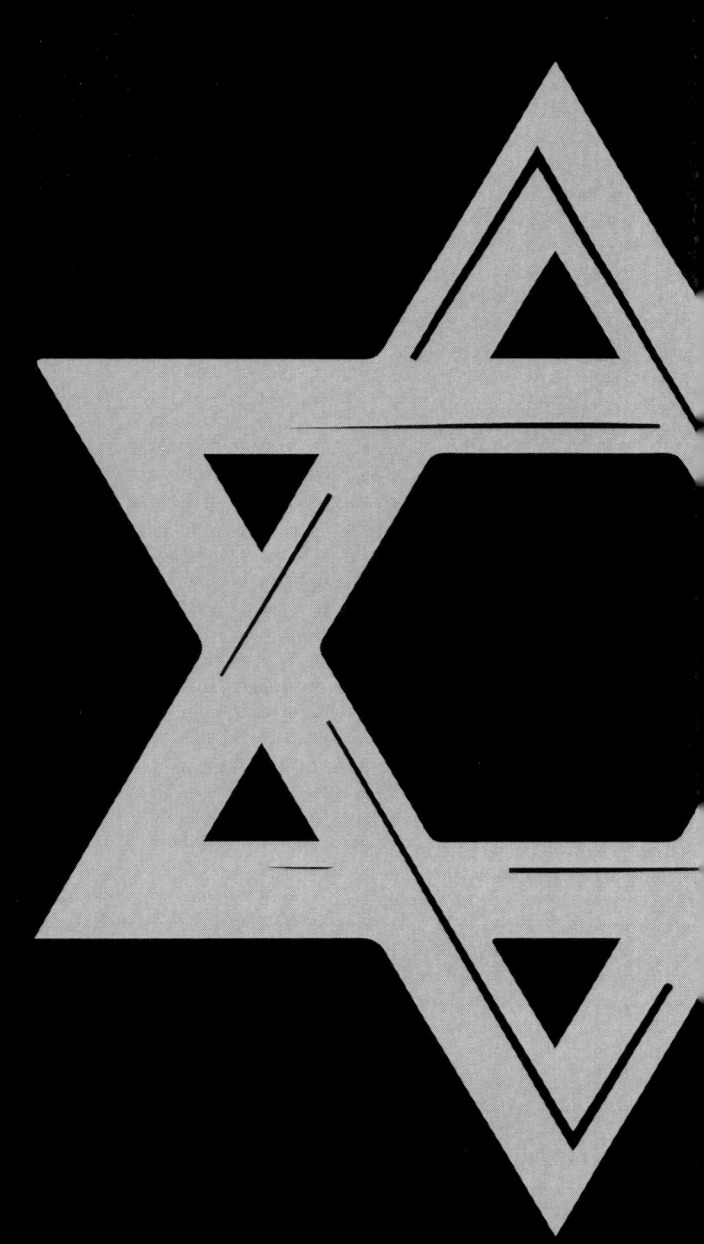

深知何時放棄「賺大錢的機會」的猶太巨富列宛

儘管猶太民族的忍耐是無與倫比的，這並不意味這他們膽小怕事、生性怯懦，只是一切事情的底線還沒觸碰到他們的最終底線。猶太人最精於計算，如果看中一樁生意的確能大賺一筆，他們就會立刻靜下心來，耐心等著機會的來臨；猶太商人做什麼事情若是沒有十分的把握，是絕對不會去做的，一旦他們發現某樁生意不划算的時候，即便前期的投資再多，也要想盡一切辦法收拾殘局，他們一刻也不會等，其果斷和決絕與之前相比簡直就是判若兩人。

猶太人決定投資某個專案的時候，一般會分別制定出每一季當中的每月計畫。

一個月後，即使發現實際情況和他們估算的有很大的出入，他們不會因此感到驚慌失措，仍然會冷靜的追加資本；兩個月後，若是實際情況仍然不盡如意，他們便會更進一步追加資本；三個月後，若是情況仍然沒有好轉，而且沒有什麼確切的事實來證明還有希望，那猶太人會毫不猶豫的放棄這樁生意。所謂的放棄這樁生意，就是放棄迄今為止所投入的一切人力和物力，坦然面對這次失敗。他們也不會為此唉聲嘆氣，儘管生意沒做成功，但是也比守在一個進退兩難之地要強得多，而且是及時收手，否則結果也許更加不堪設想。猶太人深知物極必反的道理，所以他們懂得適可而止、進退有度，而且拿捏得恰到好處。

猶太民族背井離鄉，在世界各地如浮萍般悲慘、淒涼的飄蕩了兩千多年，於是上帝給了他們特有的忍耐力。他們能夠耐心等待三個月並忍痛截止，也正是猶太商人在做生意時的精明展現。這就給了我們啟示：在商戰中，必須學會變通，不能一味的固守常規，否則只能以失敗而告終。

另一方面，精明的猶太人還懂得，這個世界不可能時時刻刻都有賺大錢的機會。下面這個故事就是對這個真理生動的詮釋：

某天，靠炒股成為億萬富翁的猶太人列宛，一臉慈愛看著十歲的兒子擺放工具，準備捕獲山雀。

列宛兒子的捕鳥方法很簡單，用木棍支起一個有很多方方正正的網眼的圓籮筐的一端。木棍上綁著一根很長的繩子，孩子在立起的籮筐下仔細撒了一層稻穀後，就拉著繩子跑進了屋子裡。

接著就飛來一群山雀，孩子仔細數了數，竟然有十五隻之多！他們大概是很久沒吃到食物了，很快就有八隻迫不及待的跳到籮筐下，低頭啄食。列宛不斷的示意孩子趕緊拉繩子，但是孩子不為所動，他低聲的告訴列宛，他要等剩下的那七隻進去，然後再拉。

等了好長時間，外面的那七隻不僅沒有進去，反而從籮筐下走出來四隻。列宛再次揮手示意讓孩子趕緊拉繩子，但是孩子卻說：「不著急，只要再走進去一隻，我就拉繩子。」

可是，沒多久又有三隻山雀走了出來飛走了。列宛對孩子說：「如果現在不拉繩子，你將會失去最後這隻山雀。」孩子好像不甘心，肯定的說：「應該有一些要回去的，再等等看。」終於，最後那隻山雀也吃飽了，便走了出來飛走了。孩子感到十分失落。

列宛拍拍孩子的肩膀，溫和的教訓道：「人的欲望是無窮無盡的，而機會則是轉瞬即逝，很多時候，人為了能得到更多，只知道盲目的等待，這不僅無法滿足我們的欲望，反而會讓我們失去現在所擁有的。」

《塔木德》中說：「僅僅知道等待和忍耐，不是真正的聰明。」當感到自己沒有十分把握去獲得成功的時候，必須要學會果斷的抉擇了。

財富箴言：

猶太人認為，想要把生意做大、賺更多的錢，就要做到知己知彼，不能盲目的做事，最重要的是先獲取一些影響整個生意的資訊。對於這個，猶太人是不惜花費很多財力和人力的。當一家大型的日本公司瀕臨倒閉的時候，遠在美國的猶太商人會在第一時間內得知這個消息，而許多日本企業家對此事卻一無所知，反而要從猶太商人那獲取一些支言片語的消息。

敢冒風險，卻能為公司帶來新生機的富商弗爾森

走在創業的艱辛之路上，要有氣勢恢弘的氣魄，用這股宏大的氣魄支持自己走下去，用自己的智慧不斷挑戰困難。也只有用智慧這塊帆板，創業者才能輕鬆踏著波濤洶湧的海浪上，永不腐朽，積蓄衝擊海岸的力量，鑄造無畏前進的動力，才能有一個美好的未來。

猶太人認為，做生意之前，做好行銷策略固然很重要，但是衝擊的計畫也同樣不可少，千萬不能輕視它。不論用哪種方式去衝擊，都要有一個周密的安排，並有一個策略性的巧妙安排，這個階段往往決定生意的成敗與否，在引導上要到位，出手還需穩健。具體步驟如下：今天的市場上，各式各樣的商品和服務讓人眼花撩亂，想要自己商品脫穎而出，一舉俘獲顧客的心，沒有慧眼和細心是很難辦到的。為了能讓眾多的顧客相中自己商品，並產生購買行為，商人們大傷腦筋，千方百計的謀劃。讓消費者跟著自己的感覺走，早就成了商人的多年的經驗結晶，要創造一個新事物，以引起消費者的注意力，並在他們腦中留下一個印記，然後，消費者會跟著這個印記產生購買行為。這是一個極為巧妙的促銷方法，被廣為流傳。

弗爾森是移居美國的猶太人，他是個極有商業頭腦的人，個人資產達到了上億美元。小時候，弗爾森的父母便是金融界叱吒風雲的人物了，在父母影響下，弗爾森很快對金融產生了興趣，並以優異的成績考上了猶太洲赫赫有名的金融大學。大學畢業後，他開始進軍金融界，他

最拿手的是炒股，他在最短的時間內獲利十五萬美元，一時間被外界稱為炒股奇才。當時他年僅二十五歲，他用人生的第一桶金買下了一座廢棄的舊工廠，建起一家股份有限公司，專門經營玩具，從此弗爾森便進入商業。他憑著埋頭苦幹、敬業的精神，拼出了一條財富之道，他的工廠獲利額每年高達千萬美元，在同行業中處於領先地位。之後，憑藉他已有的實力，開始收購兼併一些工廠，開拓自己的產業。他曾斥資三百萬美元，收購了一家瀕臨倒閉的工廠。弗爾森用自己的方式讓工廠起死回生，創造了一個又一個佳績，使這家工廠開始獲利，每年能達到上百億美元。

弗爾森的高明之處就是巧妙的運用了「催眠打昏」的計策，故意製造出一些假象，以此策動人心，讓大眾對企業產生了很高的期望值。企業由他接管三四年後，他就公開聲明，給員工增加福利，紅利要超過企業別收購的福利。這就是營造一個獨特的創業氛圍，使得企業能得到更大的發展。

果不其然，這家企業在人們眼中看來是一家實力非常雄厚，公司股票的價格不斷飆升，趁此機會，弗爾森將手中股票一張不剩全部拋售，竟然獲利五百多萬美元。

弗爾森開始積極收購在當地業績非凡、實力雄厚的一家玩具公司，這使得他成為美國年薪最高的經理人之一。

從心理學角度來講，每個人都會有一道很難攻克的心理防線，就連一些專業的心理學家也很難攻破。「催眠打昏」之計就會讓人大吃一驚，現實對他們進行一系列的心理催眠，讓他們失去理智、喪失意識，甚至感覺到自己好像要死去一樣，然後使他產生對生命的渴望和追求，這樣就能使他重新振作起來，再創輝煌。

財富箴言：

一個猶太商人無論他多麼有錢，也絕對不會隨意浪費和揮霍錢財。在宴請親朋好友的時候，他們絕對不浪費一點食物；生活中，他們認為透過揮霍錢財來獲得的快樂是不能長久的，最後肯定會失去所有的財富。

膽大心細，對眾多破產公司迅速出手的金融大亨摩根

在猶太人長期的流浪中，他們把金錢當做世俗意義上的上帝，因而他們對財富的追求可以說是狂熱的，他們最推崇那些勇於付出代價、做出一些驚人投資決策的人。這些人能夠看準時間，迅速投資，展現出了猶太民族謹小慎微、果斷乾脆的處事作風。

猶太人認為：風險與利潤成正比。他們在追求高利益時，具有非凡的魄力。他們從來不避

諱風險，甚至投資於風險很大的領域，從中賺一般人不敢賺取的巨額財富。

美國金融巨擘摩根是一個猶太人，他善於透過一些驚人的投資策略來獲得大量收益。只要他的腦子開始工作，一個投資觀念形成，就意味著金錢將會滾滾而來。

在當時，鐵路運輸還是美國運輸體系的一個支柱，但是當時的鐵路還沒有現在的完善，整個美國遍布密密麻麻的鐵路，卻各自為政，隨著經濟的發展和人們對科技的渴望，鐵路使用效率低下的問題日益凸顯，這時候就需要把分散的鐵路連成一個相互聯繫的鐵路網路，需要在鐵路方面投資大量資金。而當時面對美國的經濟危機，越來越多的鐵路公司破產、合併，對於借貸的金額也越來越大。於是，鐵路的大調整越加依賴投資銀行。摩根創立的辛迪加投資銀行不僅有雄厚的財產做後盾，而且還有較高的信譽。在這種機遇與挑戰並存的形勢下，摩根果斷收購了這些公司，成為他們的控制者，給他們的公司帶來新生，開始向鐵路業做大調整。他在這次採取的策略是高價買下，不管是東部發達地區還是西部落後地區的鐵路，即使是破舊的鐵路，他都買下，從而能夠從整個美國的視角，整頓美國鐵路的運行秩序。

有人把摩根的這次高價購買鐵路策略稱之為「托拉斯計畫」，也是摩根策略的強大作用。最終，摩根的投資不僅促進了美國鐵路運輸體系的發展，而且控制住鐵路產業經濟的支柱，打敗了其他競爭對手，穩住了剛剛奪得的金融界霸主地位。而且從根本上改變了美國傳統的經營思想，他的經營思想和管理方式也對後世產生了深遠的影響，標誌著美國經濟發展階段邁上了一個新台階，從原始的開發累積階段到現代管理階段。

華爾街大部分投資公司的發展都是從「海盜式」經營到形成辛迪加，進而到托拉斯，成為了投機家的天堂，是美國經濟發展的標誌，也是世界金融業的中心地帶，摩根可謂就是這艘財富巨輪上的領航者。

商業發展中，猶太人用他們獨有的智慧眼光詮釋了「只要值得，就要去冒險」的風險觀。他們謹慎、冷靜，時而智慧、果斷，他們在投資者商海裡奮力打拚，成為強健有力的衝浪手，推動了時代的發展。

在殘酷的商業競爭中，要想做個商戰中的人才和商場中的強者，就必須勇於面對、善於挑戰，在努力中發展壯大自己，不斷發現機會，創造更多的效益，讓公司永保生機。

財富箴言：

商場上的賽局可以說也是一場個人眼光的挑戰，擁有銳利眼光的投資家往往能夠抓住先機、果斷投資，這樣才能在商海撒網捕到大魚。不過，勇於冒險不是一時的莽撞投資，要腳踏實地，研究其可行性，這樣才能夠把風險為我所用，化風險為利益。

適時放棄小藥廠而取得更大成功的猶太人詹姆士

生意中沒有波瀾，那麼你就不會是在廣闊商海中奮鬥，而只能做小河溝裡的過客。歷史總是會記住在大事業上有所成就的人，我們在經商時，也要像猶太人一樣，勇於打拚。

人往高處走，水往低處流，這個樸實的道理告訴我們人是向上的，需要不斷提升自己。生命不止，奮鬥不息，要想做到這點，就不能讓自己安於現狀，不思進取。

猶太人深知這個道理，他們在做生意時，勇於放棄沒前途的事業，而去追求未知而又有吸引力的事業。

在商業經營中，猶太商人的忍耐性格為世人矚目。但是猶太商人的堅持是因為他們看到了發展前途和賺大錢的希望，如果他們經過反覆研究發現這種情況沒有發展前途，不能更快獲得財富時，猶太人會很快放棄這一途徑，另尋他處。

英國有一位猶太人叫詹姆士，本來是個遊手好閒的富家公子，花錢沒有節制，當他把父親給他的財產花光之後，生活無以為繼，這時候他突然醒悟，決心努力經商，從頭開始奮鬥。

他整天奔波，從親戚那裡東拼西湊，借來一筆錢，自己開始籌劃開一間小藥廠。他既是藥廠的管理者又是藥廠的組織者和銷售者，每天要辛苦工作十六小時以上。其艱辛可想而知，正是這夜以繼日的工作換來了藥廠的發展，幾年後，藥廠透過擴大再生產，藥廠已經小有規模，每年都有好幾十萬元的獲利進帳。

可是詹姆士並沒有安於現狀，他透過詳細而又準確的市調研究，發現製藥市場在當時的發展前景不大。他又發現另一個具有發展前景的市場——食品行業。畢竟，全世界有幾十億人口，每天都需要吃掉大量食物。他深知人不可能天天吃藥，但是必須天天吃東西，食品市場前景光明。

在經過慎重的考慮和反覆權衡下，他轉讓了正在獲利的藥廠，又像銀行貸了一筆款，獲得了當時一家食品公司的控股權。

當時這家公司經營類別很多，主要製造糖果、餅乾和一些零食，同時還經營著菸草，但是規模不大，是個小公司。詹姆士在控制這家公司後，對這家公司進行了大刀闊斧的改革，他轉換了經營管理模式和銷售策略。他把公司產品的規格和樣式進行了細分、優化，比如，把糖果的口味和種類都進行了延伸；餅乾的適用族群做了細分，推出了很有特色的老人餅乾、成人餅乾和兒童餅乾。透過這些改革，他的公司產品贏得了市場，獲得了大量消費者的好評。很快的，他又開始在市場領域擴展，在歐洲很多國家開設分店，銷售額迅速成長，後來透過收購其他國家一些食品公司，最終形成了大集團，他本人也是名利雙收。有誰還計較，他以前只是個遊手好閒的花花公子呢？

他的成功，來自於他對小藥廠經營前景的理性分析和準確預判，忍痛「割肉」捨棄了當時還在獲利的小藥廠，在食品行業從頭開始。

可以說，在商業經營中，既要學會忍耐，又要學會適時放棄，這是猶太人具有的一種高級智慧。

當我們安於現狀，我們離不思進取就不遠了，生無所息的處事智慧告訴我們，風險與機遇並存，要想在人生軌跡中留下濃重的一筆，就必須勇於奮鬥，勇於放棄。

猶太人的放棄並不是盲目的，他們是在經過冷靜分析後，評估出價值，然後做出決策的，他們的風險觀裡有忍耐也有放棄，他們是睿智的決策者。

財富箴言：

如果我們在前進的道路上，由於一些「食之無味，棄之可惜」的爛攤子而停下腳步時，要學會放棄，從這些障礙上越過去，如此，就能夠更接近成功。別讓眼前的一些小利益蒙蔽了你的眼睛、疲軟了你的腳步，要時刻保持冷靜的頭腦，這樣才能看得更遠。

將賺錢發揮到極致的大富豪洛克斐勒

眼光往往決定著一個公司的前途和發展，短淺的眼光只是注重眼前的利益，而長遠的眼光會盯著未來，讓我們更加有策略意義。

猶太商人們在幾千年來的發展壯大中，培養出一些優秀的特質，他們變得精明而勇於冒險，是很有實力的商人群體，對於他們的競爭者來說，則是可怕的對手。在《塔木德》中，猶太人相信，最昂貴的鑽石總是埋藏在不易被發現的地方，眼光盯著未來才能夠長久的賺錢。

約翰．洛克斐勒是世界聞名的猶太大商人，從小就從父親那學到了經商的方法和對金錢的敏銳嗅覺，從信仰基督教的母親那裡學到了守信用、細心和勤快。約翰．洛克斐勒在創業中有著良好的預見能力和富於冒險精神，在西元一八八〇年代，他就靠這些優秀的特質和商業能力控制了美國的石油資源，成為當時美國數一數二的經濟人物。

西元一八五九年，由於工業的發展，對石油的需求也越來越大，當時年輕的洛克斐勒就看到了石油熱潮背後的風險與利益關係：有風險，有龐大利益。於是，在賓州泰特斯維爾市出現了第一口油井時，他就開始他的行動。有一次，他和合夥人爭購金百利克拉克公司的股權，在拍賣股權的會議上，就表現出非凡的冒險精神，不達目的絕不甘休，對競拍成功可謂是志在必得。當時的拍賣底價為五百美元，洛克斐勒和對手一次又一次的抬高價格，之後標價達到五萬美元時，這個數目實際上已經達到了該石油公司的最大價值，但是還是互不相讓，當最後對方出價七萬兩千美元時，洛克斐勒依舊是滿懷信心，毫不遲疑的開出了七萬兩千五百美元的高價戰勝對手，贏得了競拍，獲得了這家公司的經營權。當時他年僅二十六歲，就經營著風險很大的石油生意，並且讓他所經營的標準石油公司有了很大的發展，在激烈的市場競爭下脫穎而出，成為毫無疑問的壟斷企業。

然而，洛克斐勒並沒有安於現狀，他把眼光投向了國外——利馬。當時，利馬發現了一個大油田，但是原油的品質不好，含碳量高，是「酸油」，由於當時的科技水準限制，還沒有一種高效的方法來提煉這種「酸油」，所以開採出來後，賣得很便宜，每桶只賣一角五分，洛克斐勒經過自己的分析，預見到隨著科技的發展，這種類型的石油總有一天會找到一種高效經濟的方法來提煉它，是個很有潛力價值的產品，於是決定買下這個油田。他的這個舉措卻遭到了董事會大多數人的反對，倔強的洛克斐勒並沒有放棄這塊未來才能得到的「肥肉」，決定自己冒險，自己拿出錢來投資這個產品。最終，洛克斐勒的決心迫使董事會同意這個決策，結果都是大家喜聞樂見的，不到兩年時間，就找到了提煉這種石油的方法，每桶石油也從原來的一角五分漲到了一元，他的公司在那裡建設當時世界上最大的煉油廠，公司的獲利猛增幾億美元，董事會的成員們也不得不相信，他比其他人都具有冒險意識，看得更遠。

成功有時候並不在眼前，而在於長遠的未來。深埋在地下的金子，只有經過時間的洗禮、風沙的侵蝕，才會露出耀眼的光芒。猶太民族是一個有預見能力的民族，在他們國家淪陷時，他們並沒有被其他民族同化，他們預見了復國的希望，即使它是多麼的漫長和艱辛。

可以說，大多數成功的猶太商人都是偉大的策略家，他們的眼光盯著未來，有著極強的預見能力，只要看到了成功的希望，他們就會鍥而不捨的做下去，直到他們真正成功。

財富箴言：

商場中，一個商人眼光的距離決定著他未來事業的高度，要想在商場中有發展，就要勇於冒險，善於用長遠的眼光看問題，解決隱患。這樣才能發現財富密碼，獲得更大的財富。

「只要值得，不惜血本也要冒險」的哈默

生活中的風險無處不在，在平常的生活中，風險是一體兩面，我們在生活中要時刻注意風險帶來的好處和隱患。在它能夠帶來利益時，要緊緊抓住；當它會帶來壞處時，要適時放棄。

猶太人的生意經中有這麼一條：只要值得，就去嘗試。他們在奔波於世界各地經商時，都有一種風險中獲取財富的做法，這也是一種很有吸引力的投資方法。

下面這個例子說的就是猶太人勇於冒險的事蹟：

猶太人阿曼德．哈默出生在美國，在他上大學時就開始經營父親留下的藥廠生意，而且經營成效顯著，藥廠生意蒸蒸日上，獲得很大的收益，也為自己賺取了大量金錢，成為了當時美國第一位大學生百萬富翁。在一九二一年，哈默開始把目光盯準了國際市場，開始轉戰蘇聯，成為聯繫兩國的一名貿易代理人，賺取了大量的財富。最終在哈默五十八歲的時候，做出了一個偉大決策，收購了當時即將倒閉的西方石油公司，成為了世界上最大的石油公司之一。

一九七四年，哈默所經營的西方石油公司創造了年收入六十億美元的驚人數字，這些都與他平時的冒險精神離不開關係。因為商業上的成功，哈默也與一些國家的政界領導人交往密切，從而贏得了良好的國際聲譽。因此，許多人登門拜訪，認為哈默不光有優秀的才能，肯定還有致富的祕訣。

哈默在一九二〇年開始與蘇聯做生意，期間有興隆與衰弱，成功與失敗，這些經歷是哈默在對蘇聯的生意中的概括總結。此時的蘇聯，經歷了內戰和災荒，人民生活在水深火熱中，饑荒嚴重，急需生活必需品，特別是糧食。哈默本來可以不管別國的情況，坐在自己的住所中，舒舒服服的過一輩子。可是猶太商人的本性讓他適應不了這種無味的生活，他開始討厭這種生活。他認為那些大多數人沒有涉足的地方，才值得自己去挖掘和探險。於是他決定去冒險，做出一個在別人看來是瘋子的選擇，他決定去被西方媒體描繪成人間地獄的蘇聯。當時蘇聯的情況是，由於內戰、外國軍事干涉和封鎖，變得經濟蕭條，人民生活困難，饑荒、傷寒、霍亂等傳染病威脅著人們的生命。當時的蘇維埃政權面對著這種內憂外患的局面，列寧採取了一個重大決策——新經濟政策：對外資的引入持鼓勵態度，希望以此快速振興蘇聯經濟。當時許多西方人對新興的蘇維埃政權持歧視態度，充滿著偏見和仇視，把蘇維埃政權當做是可怕的政權，去蘇聯經商無異於去月球探險。

在這種情況下，哈默覺得風險大，利潤也大，沒人去做，才值得去冒險，於是哈默決定踏上這未知的旅程，在途中經歷各種艱難困苦，終於乘火車到了蘇聯，沿途的一些慘象觸目驚心，到處是無人認領的屍體，城市和鄉村都是蕭條的景象。精明的猶太人哈默並沒有知難而退，他心裡明白，現在的蘇聯正缺的生活必需品就是糧食，而當時的美國糧食大豐收，糧價一跌再跌，農夫甚至把糧食倒入大海也不願意以這樣低的價格賣掉。但是蘇聯當時也有美國需要的毛皮、白金、綠寶石等。為了抓住這個機會，哈默果斷向蘇聯官員建議，從美國運來糧食解決饑荒問題，用蘇聯的這些貨物換取，於是雙方各取所需，很快達成協議。

於是情況有了很大的發展，猶太人哈默成為第一個在蘇聯經營租讓企業的美國人，這使他與蘇聯的政治領導人走得更近，列寧給了他很大的特權，他開始掌握著蘇聯對美國的貿易代理商，成為了美國福特汽車公司、美國橡膠公司、艾利森引擎公司等三十幾家公司在蘇聯的總代表。生意也在這些發展中越來越大，收益也越來越多，他存在莫斯科銀行裡的金額十分驚人。這次，他是冒著風險發了大財。

這次的冒險使哈默認知到：做生意時，只要是值得去做的，不惜血本也要冒險。在這之後，哈默始終踐行這一點。

人的一生經歷中，充滿著艱難險阻，面對未知的未來，我們是猶豫不決，還是果斷選擇一個方向？這些都需要我們能夠穿過山重水複的奮鬥，走過柳暗花明的又一次希望。

猶太人對未來的規劃從來都是經過自己的深思熟慮的，他們的每一次冒險，都是一顆顆永遠冷靜分析的結晶，他們這種堅持冒險的韌性，讓他們成為了世界上最優秀的商人。

財富箴言：

面對著一次機會的來臨，要學習猶太人那樣勇於抓住機會，讓機會在你手中，如此，在未知的未來裡，我們就能夠在冒險的過程中尋求賺錢的機遇，所謂機不可失、失不再來。冒險讓生活更有熱情，使你的人生歷程充滿理性的光輝。

耐心等候「危機」的猶太人羅恩斯坦

商品經濟的發展，讓我們在平時的經濟生活中更加便捷，商品的本身也發生著日新月異的變化。猶太人認為一切東西都是可以用來賺錢的，即使是一些合約、國籍等都可以變成商品，用來發財致富。

《羊皮卷》中說：「一切都是商品，一切都可用來賺錢。」因此，在他們眼裡，什麼東西都是有價值的，都可以用來賺錢。

羅恩斯坦是個美國猶太人，他自己的國籍是在列支敦斯登，他並不是土生土長的猶太人，這個國籍是他後來用錢買來的，他買這個國籍是為了獲得更大的利益。

列支敦斯登是一個彈丸小國，地處奥地利和瑞士的交界處，當時的人口只有不到兩千人，面積一百五十七平方公里，但是這個國家與其他國家相比，有著很大的優惠政策，就是稅金特別低，於是這裡的國籍對許多外國人產生了很大的吸引力，各國商人們都躍躍欲試，想購買該國的國籍。面對這種情況，該國出售國籍，定價七千萬元，在獲得該國國籍後，每年只需要交十萬元的稅款。這種低稅收環境是不分貧富的，因此列支敦斯登國成為了世界上有錢人理想的國家，他們想方設法獲得該國的國籍，面對這種僧多粥少的情況，想買到這個小國家的國籍也不十分容易。這個時候，機靈的猶太人羅恩斯坦並沒有放棄這次機會，他想出了一個辦法，他把總公司設在列支敦斯登，而把辦公場所設在紐約。所以他在美國賺錢，卻可以避開美國各種名目繁多的稅款，只需要每年向列支敦斯登國繳納十萬元就行了。他成為了一個合法避稅者，透過減少上交的稅款，獲得自身利益的最大化。

他經營的是所謂的「收據公司」，顧名思義就是靠訂單收據的生意，從中抽取百分之十作為利潤，其實在他的辦公室，只有他和打字員兩個人，打字員每天負責打發給世界各地的服飾廠商的申請書和收據，實質上這個「收據公司」就是奧地利施華洛世奇公司旗下的一個代銷公司。羅恩斯坦還把美國國籍也當成了致富的本錢。當時，丹尼爾·施華洛世奇家是奧國的名門望族，他們的公司一直以來都是生產玻璃製假鑽石的服飾用品。善於發現商機的猶太人羅恩斯坦看準了這家公司，只是一直沒有機會下手，他只有靜下心來，等待機會來臨。

施華洛世奇公司在第二次世界大戰的時候，迫於德軍的武力威脅，幫助德軍生產了許多望遠鏡。戰後，法國決定將其接收，這個時候，他認為出手的時機到了。當時還是美國人的羅恩斯坦，知道了這個情況後，立即抓住機會，趕時間與施華洛世奇家族見面談判，讓他去和法國軍隊交涉，讓他們不接收公司，事成之後，他將獲得該公司的代銷權，一直到他死為止。當時，施華洛世奇家族對於這個猶太人如此苛刻的條件感到十分不滿，但是經過冷靜分析，為了顧及自身的利益，只好找了個求全之策，為了公司的長遠利益，決定接受羅恩斯坦的條件。

於是，他開始運用他的美國國籍，充分利用美國是個強國的世界影響力，對法國軍方提出了申請，在申請中指出：他是美國人羅恩斯坦，已經接收了施華洛世奇公司，請法軍不要接收他的公司，尊重他的個人財產不受侵犯的權利。

法軍在這個時候也無可奈何，因為羅恩斯坦已經是施華洛世奇的公司擁有者，公司的財產屬於美國人，而且也不敢惹美國，於是接受了羅恩斯坦的申請，放棄了接收的想法，也使施華洛世奇公司逃過了一劫。事成之後，羅恩斯坦沒有花一分錢，就擁有了代銷施華洛世奇公司產品的權利，建立了代銷公司，獲得大把大把的鈔票。他成為不花一分錢就能賺取利潤的商業奇才。

這兩次致富，都離不開羅恩斯坦巧妙運用國際的功勞。國際幫了他的大忙，他開始用美國國籍發家，到後來再靠列支敦斯登國的國籍避開大量稅收，從而成功致富，成為一個富人。

猶太人信奉「有心遍地生財，處處是生意」，只要巧做經營，精明細心，生意總會有，錢財也總會被猶太人賺到。

財富箴言：

耐心是一個人的優秀品格，把耐心用到做生意上，就能夠靜靜等待時機，一擊必勝，獲得商場上的成功。凡事有利也有弊，危機的產生一方面來說是一次不幸，另一方面卻是一個賺錢機會，商場亦是如此，耐心等待，你將獲得成功。

冬天把飲料成功賣掉的行銷奇才哈利

世界上有許多路，每個人都在各自不同的路上奔波著，有些人走到了終點，消失在人們的視野；有些人還在路口徘徊，不知道該走向哪裡；有些人走進了死胡同還渾然不覺。

猶太人擅長用他們聰明的頭腦賺錢，他們從不把問題釘死，他們相信，沒有過不去的坎，只有不努力的自己，於是他們時刻警醒自己，要多動腦子，巧賺錢。

猶太人的偉大先知曾經說過：「當我們鄰居的屋子起火時，你就必須留心自己的屋子。」這說的就是猶太人能夠看透事物的連結，了解可能發生的情況，採取相應的措施來解決問題、完成任務。

北美宣傳奇才哈利是美國猶太人，他的經典事例是在他小時候，在寒冷的冬天成功的把飲料賣掉。當時哈利才十五六歲時，為了貼補家用，他決定去一家馬戲團做童工，負責在馬戲團開演的時候，賣給觀眾一些瓜子、花生和礦泉水等零食。由於當時北美正值冬季，天氣嚴寒，看的人不多，買東西的就更少了，至於飲料那就無人問津了。於是小哈利開始考慮怎樣才能推銷更多的零食和飲料，如何讓觀眾們在大冬天裡購買飲料，他開始思索這個問題。經過一段時間的考慮，他終於想到了一個辦法，他在馬戲團門口開始叫賣：「來看馬戲團表演，買一張票，就免費送您一包好吃的花生！先買先送，數量有限，送完為止！」

很快，他這個別出心裁的叫賣吸引了許多看客，人也越來越多，馬戲團裡這次座無虛席，人們喜滋滋的品嘗著這些花生，殊不知，這批花生被多撒上了一些鹽，不過看客們都覺得花生是免費的，而且也美味，就拚命吃，最終吃得口乾舌燥，人們紛紛需要飲料來解渴，這個時候小哈利出來了，推銷起他的飲料，人們紛紛掏出錢包，購買他的飲料，結果小哈利這一天賣出去的飲料，相當於原來馬戲團一個月的飲料銷售量。

仔細分析，在這推銷過程中，他用了個小聰明，比別人看得更遠，多走了幾步。小哈利的推銷過程可以分為以下三個部分：

第一：從一般人的理解來看，要想在冬天裡賣出冷飲，簡直是天方夜譚，這就必須脫離普通人的想法，借助其他手段，間接實現自己的推銷目的，這個手段就是運用和飲料一起銷售的花生了。

第二：免費送一包花生，把花生全部撒上一點鹽，讓花生變鹹，使鹹花生的味道變得更好吃，人們一吃多就會口渴，自己的飲料也就有了銷路了。

第三：為了吸引更多的人，把馬戲團的票與鹹花生連結在一起，讓自己的潛在顧客的數量增加，從而為自己的飲料推銷鋪好路。

其實猶太人賺錢並沒有什麼神奇的傳說，他們仍然是輕而易舉的賺錢，用他們獨特的能力，成就他們的發財祕訣。

我們在遇到阻礙的時候，要靜下心來，凡事都可能有轉機，多看幾步，不讓自己走入死胡同，讓自己在思考的過程中發現更多的出路和賺錢的途徑。

財富箴言：

機遇和成功總是垂青於會思考、多思考的人，條條大路通羅馬，有許多途徑都能達成相同的目標，所以我們遇到事情時，不妨多想想，換個思路，也許解決方法就會應運而生。

猶太人的財富密碼之七：靈、變、準的掌握資訊

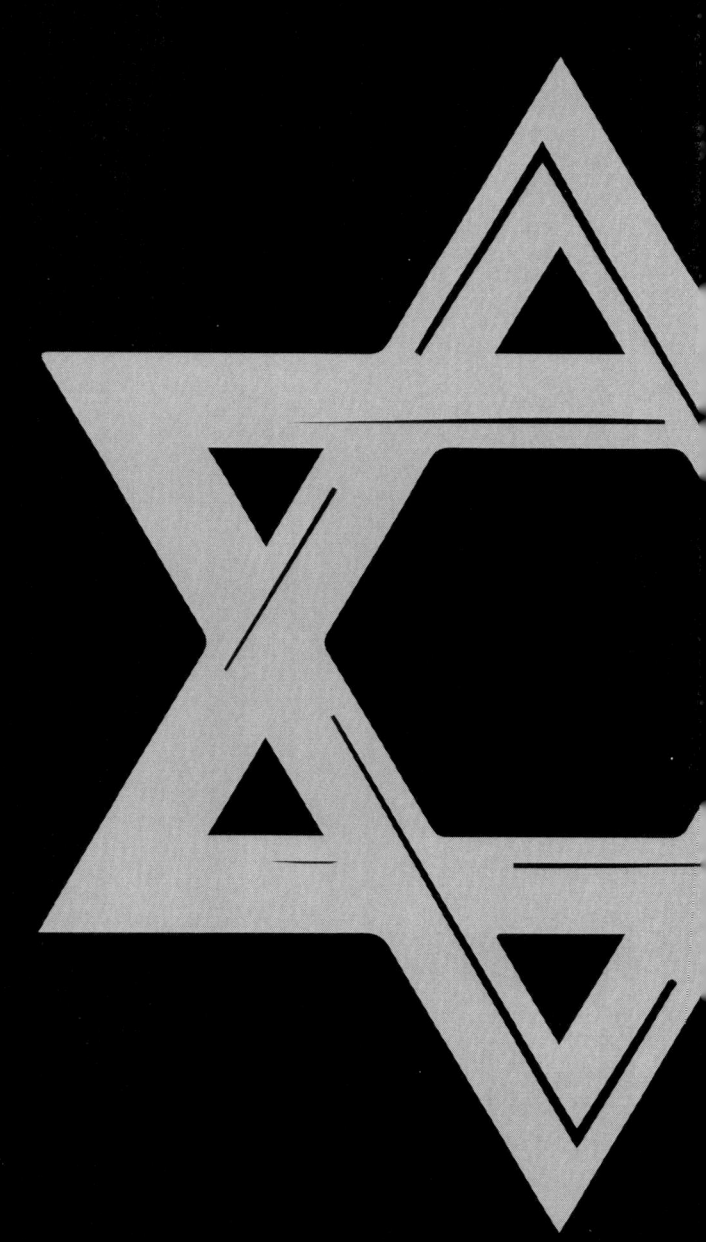

發跡於掌握資訊，迅速行動的猶太企業家巴魯克

這個世界上到處充滿了商機，可惜的是人們不能很好的去發現潛在的商機。猶太拉比告誡人們：「抓住好東西，無論它多麼微不足道——伸手把它抓住，不要讓它溜掉。」一個創業機會的發現是日後創業過程的關鍵，只要能適時把握住這個機會，就能達成一個創業願望。所以，一個創業者最忌諱的就是坐等機會，要培養自己敏銳的嗅覺，既要勇於發現它，也要有勇氣去捕捉它，這樣才能把握和利用好機會，成就自己。

巴魯克美國最有名氣的猶太企業家。他的知識非常豐富，又常年在外面做生意，見多識廣，所以在他還不到三十歲的時候，順理成章的成了一個人人都羨慕的百萬富翁。

他的成功，不能不歸功於他那根據資訊做出抉擇的敏銳判斷力。西元一八九八年，巴魯克很久沒和父親會面了，於是就動身看望居住在外地的父親。當時，美國和西班牙的氣憤開始緊張了起來，沒過多久，他們就開始了一場戰爭。在一個星期天的晚上，他在聽廣播的時候，無意中聽到西班牙那支戰無不勝、攻無不克的艦隊在遠征美洲的時候，卻在聖地牙哥附近遭到了美國海軍一舉殲滅的消息，便斷定美國各地證券交易市場的股票必定上漲，於是他當即決定動身返回紐約的辦公室。儘管他知道，按照慣例，星期一證券交易市場是不會開盤的，但是私人的證券市場卻會正常運轉。只要他能在星期一的早上趕回去的話，就可以親自操作股票了。可

是，這時已經是夜裡九點多了，已經沒有通往紐約的火車了。巴魯克果斷的買下一輛車，終於在天亮之前回到了紐約的辦公室。當英國倫敦股市開始全面交易的時候，他果斷的將手中的股票全部拋售，他一下子賺了一大筆錢，從此聲名遠揚。如果不是巴魯克毫不猶豫的買下一輛車，那麼他就不可能在第一時間內趕回辦公室；如果他只把眼光放在更安全的本地交易，那麼他就看不到英國倫敦中股市的機會，那麼他就不可能及時完成自己的交易。

巴魯克的致富經歷，最能說明了在經商過程中，如果能比別人搶先一步，就比別人多了更多機會。猶太人的觀點是：經商時，花落誰家，很大程度上取決於速度和比別人先一步。

在一家大型的公司，急需一位行銷部的主管。老闆眼中有兩個表現優秀的員工，意欲從中選拔出一個來擔任主管一職。

透過一番詳細的調查和了解，發現他人的業務水準和能力都是棋逢對手，很難分出勝負，老闆一時間不知道該用哪個。

一天，老闆在他那寬大的椅子上突然萌生了一個想法，他同時叫這兩位員工到自己的辦公室來。老闆放下電話便開始計算時間，結果發現，第一個員工氣喘吁吁的到了他的辦公室只用了六十秒，而另一個員工走到他辦公室用了一百秒。於是，老闆當即就下達了任職命令，讓第一個員工擔任行銷主管。僅僅四十秒之差，第二位員工就失去了一個升遷的機會。

流水之所以能滴石，取決於水速豪邁澎湃；老鷹之所以能捕殺野兔，在於動作快如閃電，有速度才有機會。一個創業者對創業機會的把握中，速度更顯的至關重要。在轉瞬即逝的商機中，一個對商業資訊漠不關心的人，只會成為商海中的失敗者，而思維敏捷、果斷做出抉擇的人，總會及時、準確的把握商機，從而獲得成功。

財富箴言：

現在有很多人認為，猶太人不僅在金錢方面十分吝嗇，而且為人也十分小氣。但是，猶太人並不在意別人對他們的看法，他們認為吝嗇是一種優秀的品格，因為作為商人，對錢財和物品過分的計算是一種出於商人的本能。猶太巨富洛克斐勒曾經說過：「緊緊看住你的錢包，不要讓你的金錢隨意的散出去，也不要怕別人說你吝嗇。只有當你的錢每花出去一分，都能得到兩分錢的利潤時，才可以花出去。」

消息靈通堪稱先驅的羅斯柴爾德家族

遠古時代，猶太人就懂得資訊的重要性，他們深深知道資訊的共有可以加強和鞏固民族內部的團結。即使是一些支離破碎的資訊，他們也能透過不斷的累積，然後進行系統整理，成為一個最好的後備情報庫，記錄了猶太律法和及眾多言論的《塔木德》就是在這種情況下應用而生。從西元十三世紀開始，猶太人就開始勤奮工作、考證、列舉先輩們留下的故事和言論，編纂成了《塔木德》。

更令人大為驚異的是，這樣的巨著，很多猶太學者竟然能全部誦讀下來。因為他們認為要做到才思敏捷、施教與人，自己必須有大量的知識儲備和資訊儲備。猶太的賢人聖者們，每個人都可以稱作資訊庫。

在生活中要是沒有具體的、現實的思考也就不會有神學、法學。更進一步說，要是不能及時掌握不斷變化的社會中的各種資訊，也就不可能有具體的商業活動。對資訊充滿了感性的認知，並讓這種認知左右商業活動，這便是猶太人的經商的信條。

尼桑是猶太巨富羅斯柴爾德的么子，他從小聰慧好學，在父親的影響下，接受了一系列的商業訓練，並且愛上了做生意。為此，他和他父親一樣重視資訊，他認為一個重要的資訊往往是一樁生意成敗的關鍵。也正因為如此，尼桑竟然只用了幾個小時的時間，不費吹灰之力便賺了幾百萬英鎊。

西元一八一五年六月二十日清晨，倫敦證券交易所裡的工作人員交頭接耳，議論紛紛，空氣中彌漫著濃烈的緊張氣氛。這是因為昨天在比利時，英國和法國展開了一場命運之戰——

滑鐵盧戰役。毫無疑問，如果英國勝利了，英國政府的公債價格必然瘋漲；反之如果法國勝利了，英國的公債價格肯定是一落千丈。此時，每一位商人心中十分清楚，要是能比別人提前知道哪方獲勝，哪怕只是幾分鐘的時間也能大賺一筆。當時，戰事在布魯塞爾展開，那時候還沒有無線電，也沒有鐵路，資訊只能靠快馬傳送。法國的將領是赫赫有名的拿破崙，在他面前，英國的軍隊屢吃敗仗，獲勝的機會渺茫。

這時，大家都大眼瞪小眼的看著尼桑，看他如何抉擇。然而，他還是像往常一樣望著窗外，眼神空洞似乎是陷入了某種回憶。這時，尼桑突然從沉浸中醒來，面無表情的開始賣英國公債。

「尼桑開始賣了！」整個證券交易所的人們跌跌撞撞的四處奔走，互相告知這個資訊。所有的人想也沒想就跟進，轉眼間英國公債暴跌，尼桑還是不停的拋售手中的股票。當公債的價格跌到不能再跌的時候，尼桑突然出人意料的開始瘋狂買進股票。

「這到底怎麼回事?尼桑到底在玩什麼鬼把戲?」每個人既惶恐又大惑不解。

這時，官方開始宣布戰事的結果，英國大獲全勝，交易所一下子像炸了鍋似的，叫罵聲、哀嚎聲不絕於耳。英國公債的價格又開始暴漲，而這時的尼桑已經開始怡然自得的喝著茶，欣賞著人們虧損後的各種姿態，因為，他早就因為這次機會大賺了一筆。

尼桑怎麼有如此大的膽子？萬一英國戰敗，那他不就虧得血本無歸了嗎？然而，人們不知道，尼桑擁有自己強大的情報系統。

原來，猶太巨富羅斯柴爾德總共有五個兒子，他們在西歐各國國家做生意，他們都受了父親的影響，認為資訊是家族企業發展下去最重要的命脈，所以他們投入鉅資建立了一個橫跨整個歐洲的情報網，並且花了很多錢買了當時最先進的電報系統來傳遞資訊，從一些商業相關資訊和當時最熱門話題無一遺漏，而且資訊的準確性和傳遞速度，都遠遠超過了超過英國政府的情報系統。

也正因為他擁有如此高效率的情報網，尼桑才能比政府先得到滑鐵盧的戰況，而這個搶先就是讓尼桑賺大錢的祕訣。

不僅猶太商人注重資訊，猶太父母也很看重資訊的採集，他們教育孩子要隨時隨地尋找有利於自己的資訊。讓他們明白一個有用的資訊，即使再小，往往也能成就一番事業。他們還會告訴孩子們，一個成功的商人在收集資訊的時候，不僅要對自己身邊的範圍內進行收集，同時還要大量收集交易點的資訊，關心交易的動向。要他們知道一個商人若僅獲得和別人相同的情報，就只能跟在別人身後跑，是永遠不會獲得成功的。

財富箴言：

猶太人在金錢上不僅能精於計算，而且對自己的人生也能精打細算，他們會根據自己的身體狀態合理安排自己的生活。在每個星期五到星期六這段時間內，猶太人開始禁菸禁酒禁慾，拋開一切雜念，虔誠的向上帝祈禱，他們會在這二十四小時和家人待在一起，盡享天倫之樂，這對於修身養性、恢復精力十分有益。由此就能看出，猶太人是十分看重健康的。他們認為，一個人只有在身體健康的情況下，才有資本去賺更多錢。

不盲目但又很充分的相信自己預感的希爾頓

人們常說的預感是心中對一件事情最直接的感受，也就是所謂的直覺，但是這種直覺並不十分準確。而真正的預感是以事實為基礎的推論，對於這些存在的事實，你的大腦已經進行了一個全面的觀察和分析、儲存和加工處理的過程，然而你卻對此毫無意識，這是因為這些事實是在某種毫無察覺的情況下特別儲存起來的。

希爾頓是美國賓館業的大亨，人們稱之為「旅店帝王」，希爾頓經營賓館的座右銘是：「今天你對客人微笑了嗎?」這也是他所撰寫的《賓至如歸》一書中的核心內容。今天，希爾頓的賓館已經遍布在世界各地，資產高達數十億美元。

希爾頓之所以能取得如此大的成就，一半的功勞應屬他能靈活的運用自己敏銳的預感。有一次，他看中了一家芝加哥的老旅店，打算買下來，但是旅店老闆決定把旅店賣給投標最高的人，而所有的投標價格會在指定的一天公布出來。就在這一期限快要到的時候，希爾頓提交了一份十六萬五千美元的投標。那天晚上，他翻來覆去怎麼也睡不著，內心感到煩躁無比，他坐了起來，強烈的預感告訴他這次的投標肯定會失敗。「這僅僅是一種不好的預感。」他後來回憶說。但是他還是聽從了這種奇特的預感，他又重新提交了一份投標數額，十七萬美元。等所有的競標價格公布出來的時候，希爾頓是最高的投標額，而比他僅僅少了一點的二號投標的金額是十六萬八千八百美元。

希爾頓奇特的預感是毫無預兆的湧現在心頭、原來就儲存在他內心深處的存在的事實。自從他年輕時在另一座城市買下第一所旅館後，他便開始長期收集這方面的資料。不僅如此，在對芝加哥這家旅館的報標中，他掌握了很多競標者具體的情況，但僅僅是一些了解，而沒有主動將它們聯繫起來。當他的大腦有意識的集合重組了一個新的投標額時，他的潛意識正在一個龐大而且極其隱祕的資訊庫中尋找一些新的資訊，並且推斷出第一次的投標額：太低了。希爾頓相信了這個預感，結果令人驚奇而又準確。

那麼，你用什麼方法能知道、相信一種預感呢？一位成功的預言家、證券經紀人說：「我不斷問自己，我在毫無意識的情況下，已經大量收集了與之相關的這一問題的大量材料，這點是否可信呢？對於這一個問題我是不是發現了我所能發現的所有問題，做了我應該做的一切？如果回答是肯定的，而且預感是十分強烈的，那麼我就會按照預感去做。」

生活中，你要學會區別對待預感。不要相信諸如賭博等這樣的預感，因為這絕對不可能出現在你內心深處的資料庫中，因為它毫無事實可言。很多時候，許多拙劣的預感只不過是經過一番喬裝打扮的強烈願望而已。

財富箴言：

猶太人認為，一個會賺錢的商人應該讓自己變得更加聰明、幹練，要善於運用自己的智慧賺更多的錢。從事商業的人最需要的就是精明，做生意的人不懂得精明就不能算是會做生意；但是，精明也要堂堂正正，不能耍小心眼，不能背地裡暗算別人，這些是精明的猶太商人所不齒的。

猶太人的精明眾所周知，這使他們在商界占盡了便宜。與中庸之道不同，他們絲毫不掩飾自己的精明，他們甚至理直氣壯的說，只有精明才有錢賺。

主動出擊，以幫人解決問題而創立資訊公司的丹尼爾

猶太商人雖然很愛錢，他們並不怕沒有錢可賺賺，他們只擔心沒有一個積極進取的心態去賺錢。他們勇於面對慘澹的人生中的各種困難，相信只要拚命去做，就會有相應的回報。正是因為猶太人具備了這種積極進取的心態，他們在遇到困難的時候總能有辦法去化解。

兩千多年前，猶太民族只因為弱小，受盡了其他民族的迫害和欺凌，從此便離開家鄉，浪跡於世界各地，但是他們並沒有因此喪失生存下去的希望，反而更加堅強的代代繁衍下去，不屈不撓為復興自己的國家而奮鬥著，終於在一九四〇年代建立起屬於他們的以色列國。

具有如此大義的民族精神，對於個人的事業必然也會野心勃勃的進取，他們面對種種困難，有著向厄運挑戰的勇氣。正是憑藉這種精神，猶太人在各個領域中做出了非凡的業績。在商界中，猶太人之所以能縱橫天下，就是靠著這種精神白手起家的。

一九五〇年代，有個叫丹尼爾的猶太年輕人，他是隨著民族的遷徙大流來到紐約的。他一個人走在繁華的大街上，使勁啃著一塊又硬又冷的麵包，他發誓：就算是為了讓自己吃飽，也要闖出一番天地來。

然而，對於一個從未讀過書丹尼爾來說，要想在這座大都市中找一份適合自己的工作，簡直是難於上青天，他幾乎跑遍了所有的公司，參加各種面試，可惜的是沒有一家願意聘用他。

就在他心灰意冷的時候，他意外的接到一家五金公司讓他前往面試的通知。他高興的前往那家五金公司去面試，可惜的是，當老闆向他提問五金產品的種種性能和特點的時候，他卻結結巴巴一句也答不出來。說實話，擺在他眼前的五金產品中，有很多是他從沒見過的，有的即使見過卻也叫不出名字。

眼看這次機會又要失去，丹尼爾在轉身退出老闆的辦公室的時候，不甘心的轉身問道：「您能告訴我公司究竟需要什麼樣的人才？」

老闆和藹的笑了笑說：「其實很簡單，我們需要一個能把倉庫中的五金產品推銷出去的人。」

回到家中，丹尼爾不斷思考老闆的話，突然他腦海中冒出來一個大膽的想法：不管哪個公司招聘，其實是在尋找一個能解決實際問題的人。既然如此，我為什麼不能主動出擊，去尋找那些需要幫助的人呢？肯定有一種辦法能幫助別人的。

過了幾天，他就在當地的一家報紙上，刊登出來一條很吸引人的廣告。文中有這樣一段話：「……謹以本人的人格擔保，如果你遇到了什麼困難，需要別人幫助，而且我正好有這個能力，我一定竭盡所能提供最好的服務……。」

這則廣告刊登出去不久，他收到了很多人的求助電話和信件，這是他沒有想到的。

原本只想找一份能養活自己工作的丹尼爾，這時候發現了一個有趣的現象：老安妮為了自己愛犬生下小狗顧不過來而擔憂，而漢姆卻為自己的兒子吵著要小狗而找不到買主……丹尼爾仔細將這些情況分類整理，然後一一記錄下來，並細心的告訴那些需要幫助的人。而他也在一家公司找了一份推銷員的工作。不久，那些得到過他幫助的人就給他寄來一些錢，以表示謝意。

這時候，丹尼爾就想，為什麼不自己開公司呢？於是，他果斷的辭職，建立了自己的資訊公司，業務越來越多，他很快就成為一個年輕的百萬富翁。

成功不會是一成不變的固定模式，好運氣永遠不會主動光顧一個人的，要靠自己努力尋找和爭取。很多時候，主動幫助別人，其實在無形之中為自己創造了很多機會。

財富箴言：

猶太商人認為，在生意場上不要有太多的顧慮和禁忌，在每一次進行商業操作之前，要提前排除眾多的倫理道德的約束，放下內心的包袱，用廣闊的眼界看世界，放開手腳大膽的去做，這樣就能處處得心應手，無往而不利。

找到賺錢管道的斐勒

猶太雖然崇尚做生意賺錢，但是他們認為，賺錢不等於埋頭苦幹，不應該用過度的工作來換取金錢。他們的錢是用智慧賺出來的，在追求智慧的同時也賺到了錢，這使得猶太人成為世界上最會做生意的商人，也讓猶太人的生意經閃爍著耀眼的光芒。

猶太人的生意經在教人做生意的時候，會讓人越來越聰明而不是越做越感到迷茫。猶太民族熱愛音樂，熱愛美食，更熱愛智慧。他們認為，智慧可以淨化生命，也可以擦亮心靈的眼睛，更能創造財富。在猶太人看來，智慧是一個廣義詞，它包含了做人的道理，也涵蓋了處事的要義。但是在生意的領域中，他們認為，智慧就是看一個人是否能跳脫各種事物的局限，去找到賺錢的管道。

斐勒一出生就意味著他將有不同的人生經歷，因為他出生在貧民窟。當他慢慢長大，開始不滿現狀，他不再爭強鬥狠，也不再翹課，因為這些對他已經失去了吸引力，後來他發現自己有一種天生就會賺錢的本領。他從街上撿來一個破玩具，然後花了一晚上的時間修好，帶到學校租給同學們玩，然後每人收取八美分，他竟然在幾天內就賺回了一輛新玩具車的錢。斐勒的班導對他說：「如果你出生在富商家中，也許會成為一名優秀的商人——但是，這對你來說是不可能發生的事，你以後能成為一名小商販就不錯了。」

中學畢業後，斐勒感覺自己天生就是做生意的料，而不是在讀書方面取得什麼成就。於是，他輟學開始學做生意。他賣一些小飾物、飲料、食品，而且每一次都做得很順利，而且也小賺了一筆。斐勒人生累積起的第一桶金是一堆絲綢，這些絲綢從日本運過來的，因為在運輸的過程中遭遇到了暴風雨的襲擊，足足有一噸多的絲綢被雨水浸溼後開始掉色。於是，這些掉色的絲綢成了日本人看著就煩惱的東西，他們想以最低的價格賣出去，但是沒有一個人願意買這些掉了色的絲綢，後來，日本人想把絲綢搬運到港口，然後一把火將絲綢燒光，但是又怕被政府處罰。於是，日本人決定在回去的路上，將這些絲綢全部拋進大海。」

港口有一個小酒吧，斐勒每天都會獨自來喝酒。那天，斐勒多貪了幾杯，便喝醉了。當他搖搖晃晃的往出走的時候，正好聽到日本船員正向服務員咒罵那些絲綢。

說者無心，聽者有意，他雖然喝醉了酒，但是頭腦還算清晰，他感到這是一次發財的機會。

第二天，斐勒開來一輛大卡車到了港口，找到船長說：「我可以免費幫你把這些掉色的絲綢處理掉。」結果，他沒花一分錢便擁有了這些掉色的絲綢。然後，他把這些絲綢送到工廠，加工成各種不同的迷彩服和迷彩帽子。幾乎一夜之間，斐勒就累積了一筆財富。從此，斐勒不再是畏畏縮縮的小商販了，而成了一位真正的商人。

猶太商人之所以能成為世界上頂級的富豪，就在於他們有一個經常思考的大腦。其實，想要賺大錢有很多的管道和方法，只不過每個賺錢的方法和管道不會自己找到你，問題的關鍵在於你是否善於發現並運用它。

財富箴言：

在市場競爭中，猶太人的一切投資決策思維，都是因「利」而驅使的。在相互爭「利」的商場，使生意人真正獲利的關鍵在於正確的決策，這就要求生意人應具備相應的素養。一是知彼知己，善於察市場的「敵」，及時掌握市場的動向、消費者的需求，準確判斷競爭對手，先發制人，搶先占領市場；二是揚長避短，善於出奇制勝，充分用己之長，由長而謀，因利動止，並注意用自己的優勢，在時間速度上用奇，在產品設計上用奇，在經營銷售上用奇，使競爭對手意料不到或仿效不及，從而迅速收回投資並賺回期望的目標值；三是審時度勢，善於操縱商機，適時抓住市場上有「利」可圖的一切機會，主動出擊，施小利誘對手而動，或放棄眼前的小利，假痴不癲，使競爭對手進入誤區，從而使自己獲得大利。

透過「打電話送尿布」的服務使生意越做越旺的猶太商人

大多數人做生意的有一個習慣，就是看到做什麼生意賺錢，就會一哄而上，結果不僅導致自己賺不了錢，甚至可能會使整個行業陷入低迷，就像當年盛極一時的葡式蛋塔迅速展店又迅速衰敗一樣，這就是一個很好的例子。而猶太人則認為，一個精明的商人不是看別人做什麼生意就跟著做什麼生意，而是去做一些別人不願意做的生意，這樣才能賺到錢。

在美國的佛羅里達州有一個猶太小商人，他是一個很注意觀察的人。一次，他發現左鄰右舍的母親們因為家務繁重，常常為沒有時間上街為嬰兒買尿布而煩惱，於是，他動腦想到了一個絕妙的賺錢方法，那就是創建一家「打電話送尿布」的公司。送貨上門的服務人們早就司空見慣、習以為常了，但是送尿布則沒有一家商店願意做這樁小生意，因為利潤實在是太小了。為了能做好這樁薄利的小生意，只能將開銷控制到最低。這個小商人用極低的價格僱了一些在校的大學生，讓他們用腳踏車去送貨。後來，他又把送尿布服務加了幾項服務專案，兼送嬰兒的感冒藥、玩具、食物等等。小商人還承諾：不論何時打電話，會在第一時間將貨送到，而且只收百分之十的服務費。結果，他的生意越做越大。

一個商人要想有一個長遠的發展，想賺更多的錢，那麼就不能看輕任何機會（哪怕是賺一美元），這就是猶太人所謂的財商。在他們看來，一個人若是能有一個高財商，不僅能懂得該用什麼方法在什麼時候去賺錢，同時還能在獲得賺錢的機遇面前，衡量用什麼態度去把握住這個機遇。

十九世紀中期，人們在美國加州發現地下有一座還未開採的大型金礦。很多人認為這是一個最好的發財機會，於是不遠千里，歷經艱難險阻來到加州淘金。十八歲的猶太人，農夫亞默爾也在金子的誘惑下奔赴了加州，加入了淘金的大軍中。然而來淘金的人越來越多，而金子卻不容易淘到，人們沒有經濟來源，生活很快就陷入了困境。由於當地的氣候乾旱，天氣悶熱，又極度缺水，很多淘金者不但沒能發財致富，反而身患重病，客死他鄉。

年紀最小的亞默爾和很多人一樣，不但沒挖掘出黃金，反而深受飢渴的折磨。一天，他堅持挖了一天土地，卻還是像往常一樣沒有任何收穫，他疲憊的坐在地上，失神的望著水壺中僅剩的一點水，聽著大家不斷咒罵因缺水帶來的痛苦和折磨，亞默爾突然冒出一個想法：憑淘金發財的希望實在是太渺茫了，還不如在淘金現場賣水。於是亞默爾當即決定不再繼續淘金了，改為賣水，他將他用來淘金的工具變成挖水的工具，他挖了一道小渠，將遠方的水引到一個小水池中，然後仔細過濾一遍，原本汙濁不堪的水便成了清涼可口的飲用水。然後，他把水裝到一個水桶中，挑到挖金的工地上一壺一壺賣給挖金子的人。當時，就有人哈哈大笑嘲弄他說：「我說你小子腦子肯定是進水了，千辛萬苦跑這麼遠，放著好好的金子不挖，卻跑來賣水，這種生意非要在這做？」亞默爾聽這些譏諷的話毫不在意，也沒影響到他的心情，他還是一如既往的挖他的水。他認為天底下哪裡還能有這麼好的買賣？把根本沒有成本的水拿來賣，去哪找到這麼好的市場？結果，這支淘金大軍不得不以失敗告終，垂頭喪氣返回家鄉。而亞默爾卻在幾個月的時間內靠賣水賺了幾千美元，這在當時已經是一筆不小的財富了。

無論在什麼境遇下，一個有著高財商的人，他們對財富彷彿有一種最敏銳的感知，抑或他們天生有一種互相的吸引力，或早或晚會碰到一起；而有些財商低的人，當財富向他不斷招手的時候，他們的態度確實不理不睬、冷漠視之，毫無察覺的讓財富從身邊溜走。

財富箴言：

猶太人在經商中有一條很重要的原則，那就是他們盡最大努力把商品「現金化」，所以他們做生意的時候肯定是以現金做交易的。他們認為即使合作的對方是一個億萬富翁，亦難保證他明天是否會破產。

在聊天中掌握資訊而翻身的哈默

聊天是人們在日常生活中最常見的交流方式，在工作時、在用餐時、在行走的路上，都可以隨時隨地聊天，人與人的交流和建立友誼也是以聊天為基礎的。

聊天是不會拘泥於形式的，可以談心，可以說說工作，也可以評論社會中的奇聞異事。聊天往往是一種漫無目的的談話形式，可是有人就能利用聊天達到自己的目的：閒聊中的一句說到別人心坎裡的話便尋找到了一個知己，或者是談成了一筆大生意！這些人就是懂得聊天真義的人。

猶太人不僅僅是談判高手，也是聊天高手，他們能在和聊天對象的談話中，捕捉到生意上的細枝末節，從而發現別人未曾發現的商機。這正是猶太人在生意場中能頻頻獲利、取勝的祕密之一。

哈默的公司所經營的業務主要是以生產、製造及銷售各種酒，這家的公司生產出來的酒可以說幾乎壟斷了整個酒業市場，可見其實力不可小覷，自創業十年以來，透過不斷的發展，擁有資金已高達三百億美元。當年，哈默在俄國初創公司的時候，研製一種以他名字命名的酒，同時還製造了全套精美的酒具，專門盛裝哈默品牌的酒。但是由於當時俄國爆發嚴重的經濟危機，哈默的公司也受到了很大的衝擊，長期處於虧損的境地。

哈默是個絕頂聰明的人，他相信再嚴重的經濟危機也有過去的那天，所以，他很重視對資訊的收集，為了獲取更多的資訊，他幾乎天天在市場中閒逛。

一天，一位來自美國的朋友來看望他，聊天過程中，朋友說美國正在進行總統競選。而當時最有實力的羅斯福大有希望當選為總統，羅斯福在一次演講中談到如何面對美國經濟危機的時候，他提出自己應對危機的「新政」，而且會把這個「新政」列入他的當政計畫中。這個「新政」給了美國人民極大的憧憬和希望，很多人表示全力支持羅斯福，但是也有一部分人對「新政」是否能順利實施產生了懷疑，因此，在競選的時候，羅斯福的票數最低。這一下子就激起了哈默對羅斯福的「新政」的興趣，而這個時候哈默也一直在尋找發財的方法，於是就收集了大量關於新政的資料並進行了仔細的研究分析。他發現「新政」一旦實施，必定會廢除一九二〇年頒布的禁酒令。他便開始暗自祈禱羅斯福能順利競選上總統，隨即就開始實施「新政」。哈默的眼光很老練，只要「新政」一出台，禁酒令就會自然廢除，酒類市場也必將會得到空前的發展，人們對酒桶的需求量必然會大幅度的增加。

哈默深深了解美國人最喜歡喝啤酒和威士忌，而想要保存好這兩類酒，就必須放在一種經過特殊處理後的白橡木製成的酒桶。單憑這一點，哈默就希望羅斯福能順利上台。

沒過多長時間，羅斯福果然順利登上了總統的寶座，「新政」很快就要實施了。哈默在俄國生活了多年，知道俄國到處都生長著白橡木，可以作為原材料生產酒桶。當他一發現這點，立即籌集資金在美國建立一個生產酒桶的工廠，並向俄國政府訂購了幾船白橡木，當前期工作做好後，哈默一聲令下，工廠便日夜不停的生產、製造白橡木酒桶。當哈默的酒桶從工廠不斷被生產出來的時候，羅斯福的「新政」便開始實行了，禁酒令的廢除終於到了實現的一天，哈默這時更加有信心了。這時已停產多年的美國酒廠，為了滿足人們對酒的大量需求，紛紛恢復了各種酒的生產，而這時的酒廠肯定需要大量的酒桶盛放酒。哈默源源不斷的酒桶成了各大酒廠的搶手貨，售價也不斐。同時，哈默品牌的酒和酒具也因此有了市場，哈默的公司從此邁向正軌，也就是從這天起，哈默慢慢成了億萬富翁。

如果當時哈默並不在意對資訊的收集，不對羅斯福的「新政」進行客觀的研究和分析並做最後的決策，那哈默情況不言自明。也許哈默會隨著命運走向另一條路，重闢道路，步履維艱的和困難奮鬥，真正發財的那天不知會是何時。

猶太人單憑資訊賺得缽滿盆滿的例子，不勝枚舉。在網路極為發達的今天，各種資訊也到處流通，到處都有猶太商人的身影，這說明猶太商人是與資訊同步的、與時俱進的。他們善於在資訊時代中找發財的機會，他們個個都是龐大的資訊庫，隨時從中找到一個新的發財機會，於是搖身一變成為找錢的高手。猶太商人憑藉著幾乎是與生俱來的對資訊的敏感，操縱著整個世界經濟的形式，成為這個世界的主人翁。資訊俯拾即是，能否在資訊的世界中找到金錢，關鍵在於你有沒有擦亮你的眼睛。

財富箴言：

猶太人認為，在商海中，所有的一切都只是商品，商品只有一個固定的屬性，那就是增值，這是商海中的終極目標，一切都應該以此目標看齊。一言以蔽之，為了賺更多的錢，什麼都可以選擇放棄，只要能賺到錢，除了違反法律和合約的事，其他什麼事情都能去做。

猶太人的財富密碼之八：亮出你的個性

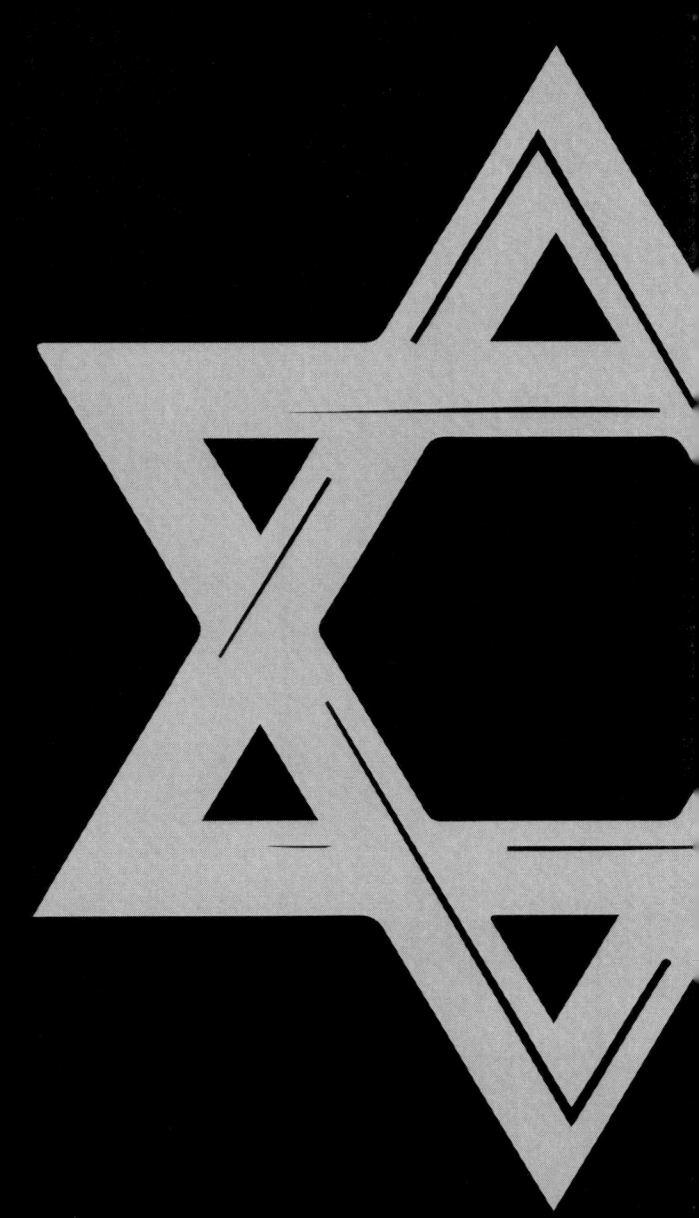

個性經營開拓新領域的費農

在這個競爭日益激烈的社會中，唯有懂得創新的人才能在商海中站穩腳跟，才能戰勝對手贏得財富。相反，一個人若是只知道固守常規，不能打破束縛創新，結果只能虧損甚至是破產。在這一點上，猶太人可謂做得爐火純青，他們總是能出乎常人的意料，做一些令人難以理解的事情，在競爭中憑藉不合常規的手段和獨特的個性打敗對手。

猶太人不論是做人還是做事，都極其重視自己的觀點。在世界各民族中，猶太民族是最有個性的，他們之所以和別人有很多的不同，就是因為他們注重發展和挖掘自己的潛力和個性。

在猶太人中流傳著這麼一句話：「一個人的個性可以從他的杯子（代表品味）、他的錢包（代表智慧）和他的怒氣（代表修養）這三方面看出來。猶太人非常看重這些，他們認為一個人的個性從這三方面看便一目了然。

猶太人認為，一個人在這三方面的展現就是他整個的人生歷程。因為這三方面代表的不僅是財富，還代表這一個人的生命價值觀。所以，對猶太人來說，越是個性強的人越能獲得財富。

莉蓮·弗農是一個非常年輕的猶太女性，她就是憑藉自己獨特的個性而獲得了財富。一九五一年，她計劃成立一間郵購公司的時候，她年僅二十三歲並且懷有身孕，由於行動不方便，她便辭去工作，專心在家當家庭主婦。對於極其獨立的弗農來說，她忍受不了生活上的無聊，她嘗試著憑藉自己的力量賺錢補貼家用。她先用三千美元的嫁妝購買了一批錢包和腰帶，並用了五百美元在報紙上登廣告做宣傳。弗農以特別的猶太人風格，準備在別人從未涉及過的領域中開創一番事業。

令人意想不到的事情發生了，一個星期後，弗農就收到了一筆價值一萬三千美元的訂貨單。弗農對這種結果始料未及，在她高興過後，她又嘗試在報紙上再登一則廣告，想看看這次的運氣如何。沒想到，她幾乎每個星期都有訂單，於是她不斷更新自己錢包和腰帶的品種，並對品質進行了嚴格的把關。她這一舉動使得銷售額不斷成長，從此弗農就開創了事業。她的產品品質又好，人們很信任她，隨著不斷豐富自己的產品並銷售出去，她越來越成功，取得了一筆不小的財富。

弗農從此一躍成為了世界上首屈一指的企業家，她能敏銳的感覺到人們心目最想購買的商品特點，然後憑藉自己敏銳的直覺力判斷出該銷售什麼樣的商品。在弗農的推銷策略中，最有獨特個性的就是從她的商品目錄冊所購買的東西，如果有顧客不滿意，她將在最短的時間內如數退還顧客購買物品的錢，還有值得一提的就是，弗農的商品目錄冊中所銷售的產品都做了標識，上面有生產廠家的名字，能避免商品再次被倒賣的情況出現。這種獨特的行銷方法被一家知名刊物選用，可見影響力深遠。弗農獨特而個性的行銷方式，充分顯示了她對自己產品的信心，她還會定期主動找一些顧客來當面溝通，徵求他們的意見和建議，這就是莉蓮．弗農的公司能成功的最大原因。

在猶太人看來，決定一樁生意成敗的因素往往取決於能否及時更新自己的觀念並與時代潮流同步。在這個日新月異的時代，如果沒有屬於自己的個性，就意味著終有一天自己將會被淘汰出局。猶太人最自相矛盾的地方就是他們的外表看起來非常和藹可親，但是他們的觀念和想法卻極其偏執和怪異。他們每一個人都有自己的個性，他們從來不會學別人怎麼做，他們認為自己就是自己，若是讓兩個猶太人同時去做一件事，結果必然會不同。

猶太人認為：當一個人面對一件事情的時候，如果感覺到有什麼不對的地方，該反對的時候就反對，同時還要能原諒別人不同意自己的想法。在古代的時候，猶太人就意識到：如果把世界統一起來就不可能有進步，必須有很多不同的東西同時競爭，才能有新的東西出現。

所以說無論什麼事物都必須具有個性，「唯有個性才能發展！」一直被各類公司奉為金科玉律。

財富箴言：

猶太人深知商場如戰場這個道理。猶太人在商場上，絕對不會用不確定的資訊，特別是在協商交易金錢的時候，他們會很認真的將自己能獲取多少利潤都計算得非常清楚。所以，猶太人練就了能極其快速而又準確的心算，這讓他們能非常瀟灑自如的做出決定，讓他們在談判桌上不慌不亂的步步為營，直至戰勝對方，坦然的遨遊在變幻不定的商場中。

從小就會個性經營的普洛奇

紅梅傲然挺立在寒風裡，青松高而挺拔，楊柳柔軟而不容易折斷，這就是自然植物的個性，這也是它們的魅力，若是大千世界變成了千篇一律，那麼世界萬物從此也就失去了個性，世間也就不再繽紛五彩、絢爛多姿。

萬物如此，人也不例外。如果有一天，所有人的都做同樣一件事情，試想，這個世界會怎麼樣？人之所以不同就是因為人的各方面都有千差萬別，所散發出個人魅力也是獨特的，這樣才能找到欣賞你的人，也只有這樣你才可能獲得成功。

而猶太人幾乎從小就懂得發揚自己個性，用自己的個性去成長、做事。他們深知個性是最好的自我推銷，也是最迷人的魅力，所以他們最不喜歡模仿別人或者是被別人模仿。

普洛奇透過自己十幾年的艱苦奮鬥成為了美國歷史上最大的食品加工商。和很多猶太富商一樣，普洛奇年輕的時候也毫無例外的受僱他人賺錢養家糊口。

一天，他的老闆給他交代了一個任務，就是用一天時間把兩百公斤香蕉賣出去。這些香蕉不是壞了，就是存放的時間太長了，香蕉皮的顏色開始變黑，但是品質沒有任何問題。

當時，菜市場上的香蕉的價格是每磅三美分。老闆說：「你可以每磅賣兩美分，或者更低，只要不賠錢就行了。」普洛奇把香蕉全部搬到外面，一一擺好，然後開始叫賣。但是，他並沒有按每磅兩美分或是更低價格賣。只見他扯著嗓子高聲喊道賣：「這裡有剛運來的阿根廷香蕉，趕快來嘗嘗！」

一下子，人們都被這個比較個性的「阿根廷香蕉」名字吸引過來了，他們全都圍過來看看這「阿根廷香蕉」到底是什麼樣的。普洛奇對這些好奇的人解釋說：「這些香蕉從外面看起來和普通的香蕉不一樣，但是味道卻比普通的香蕉好多了。這種香蕉只有阿根廷生產，全美國就我這一家賣。當然啦，為了感謝各位能光臨我的生意，我打算每磅賣十五美分。」就這樣，本來打算不賠錢就賣掉這些香蕉，經過普洛奇這樣一宣傳，反而把香蕉的價格提高成新鮮香蕉的好幾倍。美國人一聽到是阿根廷的香蕉，覺得很新鮮，於是爭相購買，僅用了一上午時間，所有的香蕉便賣得一乾二淨。

普洛奇沒有按正常思維看待這個問題，本來就不太新鮮的香蕉應該降價賣掉，這是再正常不過的事情了。但是普洛奇卻善於逆向思考，抓住了人們追求新奇事物的心理，把本地香蕉當做「阿根廷香蕉」去賣，物以奇為貴，價格自然而然的上漲了。普洛奇的想法就是很有個性的，他正是看清了香蕉不會因為降價就能賣出去的本質，所以他另闢新徑，把香蕉賦予了一個新的名字，人們的購買欲一下子就被激發了出來。所以，他很好的抓住了這一點並達到了出奇制勝的效果。

巴西有一家大型的禮品店，為了能有一個更好的收益，便在電視上大肆宣傳自己的促銷方案：凡是名人來本店購買東西，不會收一分錢。前提是必須用自己的看家本領來證明自己的身分。這個廣告被一些名人看到後，感到十分新奇，便親自來購物，而遠近的顧客也是蜂擁而至，想親眼見見名人的風采。一時間禮品店人滿為患，生意十分火爆。

一天，球王比利來到禮品店，在店中四處觀看，最後從貨架上取下一顆足球放在地上，輕輕用腳一踢，球直接撞在門上懸掛的門鈴上，店內立刻響起了清脆的鈴聲。還沒等鈴聲停止，比利又輕輕一探身，把剛要落地的足球又頂回貨架上。老闆馬上高興的邀請比利隨便挑選自己喜歡的禮品，而且不用收一分錢。不過比利這樣一系列精彩的動作已經讓精明的老闆錄了下來，成為商店吸引顧客的「法寶」。

要想推銷出一樣的東西，你就要在推銷方式上多下工夫了，要把推銷方式做得別具一格、有個性一點，才能在市場上立於不敗之地。

財富箴言：

在猶太人行商四萬多年的歷史長河中，總結出了兩條非常有名的結論，而其中有一條就是：「瞄準家裡管錢的人」，對於這一條結論，猶太人從來都是不打半點折扣的去執行。他們認為：生活中，家裡管錢的人所使用的錢都是辛辛苦苦賺來的錢，這樣才能將生活維持下去。所謂的經商法，就是要懂得用一些巧妙的方法得到別的錢，所以過去還是現代，想要賺取更多的錢，就必須學會對付家裡管錢的人，去奪取他們所擁有的財富，這便是猶太人所謂的經商道理，於是「瞄準家裡管錢的人」就成了猶太人經商過程中篤信的格言。

勇於挑戰自己的賀希哈

人活一世就是一個不斷挑戰自我的過程。而人生最大的敵人也是自我，當你覺得痛苦的時候，很大程度上是對自己的處境不滿意，或是有太多的貪欲，或是不滿足，或是自己的心太浮躁不定了。一味的怨天尤人只會增加自己的痛苦，那麼，減輕痛苦的最好辦法就是經常反省自己、耐心尋找今後的幸福。

因此，猶太人認為不用太過擔心世界上的事情，在這樣的思想激勵下，猶太人不論身處什麼險境都能保持一個樂觀的心態，他們深信只要歷經所有的艱難困苦，總會有一天，奇蹟會降臨在這用勇敢面對事實的人們身上。他們永遠不會停止挑戰自己，並從逆境中找到一條成就自我的道路，把一些讓人覺得不可思議的事情變成現實。

股票大王約瑟夫．賀希哈從小父母雙亡，他每天過著顛沛流離的生活，有時候還要靠乞食來維持生活。等他慢慢長大懂事後，他就下定決心一定要成就一番事業。

在約瑟夫．賀希哈四處流浪的時候，他會仔細尋找別人扔掉的報刊，然後坐在地上認真的閱讀，晚上就在路燈微弱的光芒下閱讀一些書報。就是在這種食不果腹的日子中，他慢慢感覺到自己對報紙上所寫的經濟和股市行情很有興趣，於是他就決定以後從事股票方面的工作。

一個靠行討度日的人，竟異想天開的從事股票工作，人們都把他當做瘋子。但是約瑟夫．賀希哈對別人的打擊和嘲笑聽而不聞，依然按著自己設定的目標一步步走去。

一九一四年，第一次世界大戰爆發了，紐約大部分證券交易公司因為經濟崩潰，難以經營下去而被迫關閉，少數的大型證券交易公司雖然沒到關閉的境地，也是苦苦支撐。就在這個時候，約瑟夫．賀希哈去證券交易所求職。有幾個證券交易市場公司的員工正在門口打撲克牌，一聽他是來找工作的，不禁哄笑起來，認為在這市場經濟全面崩潰的情況下，還要從從事股票的工作，肯定是腦子有問題。

聽著他們的嘲笑和諷刺，賀希哈雖然很難過，但是沒有放棄，他轉身到其他交易所找工作了。在接下來的輪番打擊下，他仍然不肯放棄自己的理想，最後，他到了百老匯大廈，在愛迪生的公司裡找到了一份工作，那是一份在辦公室打雜的工作，薪水也很低，但是他毫不猶疑的接受了這個條件。

他很珍惜這次難得的機會，十分努力的工作，利用下班時間刻苦的研讀一些股票方面的書籍。不久，賀希哈就驚奇的發現，愛迪生也做發行股票的生意，於是他時刻注意著公司營運的情況。他現在的工作和從事股票的工作相差甚遠，他怎麼能從事公司股票的運作呢？

一天中午，他強迫自己敲開董事長辦公室的門，大膽的要求：「董事長先生，能給我一個機會當您的股票經紀人嗎？」董事長低頭想了一會，便盯著這位年輕的猶太人，覺得他從進公司一直很能幹，反應也很快，於是對賀希哈說：「要想在股市中博弈，要有膽量，既然你有這種勇氣，就去嘗試一下吧！」

此後，賀希哈開始為愛迪生的公司繪製一些股票行情圖，他運用自己多年的累積經驗，很快就進入了角色。在實際工作中，他對股票的理解更深了，這為他日後的事業奠定了堅實的基礎。

賀希哈在愛迪生的公司工作時，除了花費一些生活的日常開銷外，剩下的錢都存了下來。透過三年的艱苦奮鬥，他累積了三千美元，這是他人生的第一桶金。於是，他按照自己的人生規劃，讓自己成了一名獨立的股票經濟人，從此他便開始一路順遂。僅用了一年的時間，他個人的資產已達到了一百五十九萬美元。

股海是變幻不定的，人的意志是左右不了它的。賀希哈把累積了億萬的家財全部投入股市，但這次他幾乎全虧光了。這一次的挫敗也沒能使賀希哈失去信心，相反，他更加堅定了自己的決心，把自己變得更加聰明了。他後來對別人提起這件事情說：「這一次失敗只給我留下三千美元，幾年辛苦累積的下的錢一下全沒了，那是我一生最大的失敗。但是我想，一個人如果說他不會犯錯，那是不可能的事情。我如果不犯錯，就無法學到經驗。」

確實，從那次的失敗之後，賀希哈的事業又開始走向高峰。到了一九二八年，他每個月都能有三十萬美元的收入了。到了一九二九年，更是他大顯身手的時候，這一年是股市歷史上最繁榮的一年，幾乎全國人民都加入了購買股票的行列。

多年的股市經驗告訴他股市風暴即將來臨，他果斷決定將幾年買入的股票全部拋售，收入是原來的好幾十倍，他的身價一下子達到了一億美元，成為當時大名鼎鼎的股票大王。

從約瑟夫．賀希哈的成功歷程就能看出，一個人或一個企業的成長是非常艱苦的，這些人必須具備不怕困難和失敗、並能長期堅持下去的精神，唯有如此才能聽到財富的聲音。

財富箴言：

在猶太人長達兩千多年的居無定所的漂泊生涯中，猶太人的處境都是逆境多於順境的，在這漫長的歲月中，他們學會了堅忍不拔，學會了堅持，學會了用平和的心態去做人處事，學會了如何在逆境中獲取財富的智慧。他們把這種智慧運用到激烈的商戰中，就形成了猶太人獨特的生意經。

建立有家庭氣氛的汽車旅館的猶太人

古希臘大演說家狄摩西尼曾經說過：「微小的機會，往往是偉大事業的開始。」在你的一生當中，有很多機會向你招手，也曾經停下來稍作等待，可你往往視而不見，更意識不到機會還會主動來臨。有些人之所以與機會擦肩而過，很大一部分原因就是他們不敢面對一些變化。

機會往往只留給有準備的人，這準備二字，並不是說說那麼簡單。想要讓機會降臨，更多的還需要創造才行。而猶太人無論身在何處，總能以獨到的眼光看準時機，創造出機會的傳奇。

有個猶太人住在美國的田納西，一年夏天，全家驅車去佛羅里達旅行度假。路途中，他發現了這樣一個問題，他們一直找不到能夠為一個家庭提供全方位和高品質服務的汽車旅館。他的直覺告訴他這是一個發財的好機會。等旅行結束後，他和一個朋友徹夜長談這件事情，探討建立一個全新的汽車旅館連鎖店的想法是否可行，並把重點放在家庭全方位的服務上。

很快，他們就把這個想法付諸行動了，他們把第一個家汽車旅館建在他的家鄉田納西，讓他們想不到的事情發生了，他們的汽車旅館十分受歡迎，他們的服務特色也深得人們的歡心，不到十年的時間裡，他們就發展成一個國際性的汽車旅館網路，規模極其龐大，業務遍及世界各地。

在一次不太愉快的旅行中，這個猶太人就敏銳的感覺到機會降臨了，而他也能迅速把握住這稍縱即逝的機會，發展成全美國乃至是世界上最大的汽車旅館公司。

人們常說：「商場如戰場。」此話倒是很有幾分道理。商場之中，人人機會均等，同等的條件下，誰能搶先一步奪得機會，誰就能大獲全勝。作為經商之人，必須要不斷的對市場資訊進行全面的分析，搶在別人的前面獲取商業資訊，從而達到出奇制勝的效果。

而這位名叫庫路特的猶太商人就很擅長在變幻莫測的商場中以敏銳的嗅覺捕捉到商業資訊和機遇，然後用自己的才能開拓出自己的事業。他是靠資訊發展事業成功的典範，他的事蹟被人們爭相效仿，這已經成了婦孺皆知的事情了。

庫路特從一出生就要面對貧寒的家庭，從慢慢懂事起，他就能主動在外面找一些零散的年輕人賺錢補貼家用。後來他就開始做一些小生意，這時候他才發現自己不僅喜歡做生意，而且還有一些天賦。在一九九三年他就創建了屬於公司——里爾蒙公司，公司初期的業務只是做一些電腦和通訊的網路業務。

在公司正軌後，庫路特又對投資行業產生了很大的興趣，於是就有了專門投資一些項目的想法，於是他開始時刻注意市場上的資訊。一次，他無意中從報紙上看到電子市場供不應求。同時，他又多方了解到，有一個叫貝爾麥的人發明了一項技術，這項技術能使電子儀器生產量得到大幅度的提高。庫路特的直覺告訴他，這是一個商機。於是他立刻找到他的好友福斯，和他商量這件事情，沒想到福斯也萌生過這樣的想法，於是兩人一拍即合，開始把全部資金投入到建造電子製造廠上，但是發現還差很多資金，必須從銀行帶一些作為周轉資金。這時候福斯開始擔心，如果把所有的資金都投入在建造電子廠上，一旦弄不好，會賠得血本無歸。但是庫路特並不這麼認為，他相信這是一個千載難逢的好機會，若是搶先一步，必然能大賺一筆，值得冒這個險。福斯在庫路特極力勸說下，回心轉意準備冒一次險，於是，兩人開始尋找建造工廠的場地。經過三四天的四處奔走，福斯終於相中了城外一塊被人廢棄的土地。他找到這塊土地的主人說明了他的意向，主人一聽要在土地上開電子製造廠，便開價每畝必須是三萬七千美元。福斯當即就給了訂金簽了合約。於是，他們的工廠很快就在這塊廢棄的土地上建立起來了，並開始生產電子儀器。僅僅用了幾年時間，庫路特工廠從最初的一百萬美元資產，到後來的一千萬美元，到了二〇〇三年的時候，工廠的資產已達到了上億美元，成為了一家實力雄厚的電子製造公司。

雖然庫路特的做法雖然有些破釜沉舟的意味，但它適用於具有非凡氣魄的創業者。要想運用這種方法，就必須有很好的判斷力和無比的自信，否則你就抓不住難得的機遇，再多的機會也會從你的身邊溜走。

機會是無處不在的，但只有那些主動和勇於冒險的人才能找得到。一個人若是常常擔心失敗之後的結果是承受不起的，那麼他永遠也不可能獲得成功，所以你要主動把握你獲得的一切。猶太拉比和他的學生談起機會時，總會這樣告誡他們：愚者錯失機會，智者善抓機會，成功者創造機會。

財富箴言：

猶太人認為，要想把生意做大，就要建立一個互利互惠的條件。在猶太「鄰地法」中有這樣一條規定：如果一個人擁有一塊和別人相鄰的土地，那麼，這個鄰人就有第一購買的優先權；同時，這塊地的價格不能低於當地的土地價格，保證了賣方不會虧損，買方則會憑藉這次交易獲得利潤，因為他的土地擴大了，代表本身價值的成長。採用這種做生意的方式，在一方能獲得利潤的同時也保證了另一方不會虧損。

揚長避短的門德列

有句古話說得好：「知己知彼，百戰百勝。」針對起伏不定、分秒必爭的市場形勢而言，對市場進行一個全面、詳細的調查，了解競爭對手實力及相關情況，然後根據所得做出一個經營決策，這已經成為了現代眾多商家的競爭固定模式。下面這個故事就能很好的詮釋這個商場定理：

門德列是一位猶太富商，他的父親是一位大公司的優秀職業經理人。門德列從小就喜歡學習，而且成績也十分優異。他在上中學的時候，擔任班長，全班同學都很喜歡他，因為他很會照顧一些弱小的同學，這為他贏得了很多人的支持，就這樣他連任了三年。

後來，門德列以優異的成績考入了著名的國際經貿大學。大學畢業後，門德列拒絕學校的分配，而是回家接管並獨自經營爺爺的鐘錶店，從此走上了自我發展的道路。僅僅用了四年時間，他就發了財。門德列將他的生意做大，讓自己的鐘錶走出國門，成為世界一流的鐘錶公司，而這時候他已經成了億萬富翁。

在門德列靠自己的雙手打拚一步步走向成功，他經常和他的朋友一起討論成功之路的漫長，在談起做生意的時候，他經常把知己知彼才能夠百戰百勝掛在嘴邊，而他的事業之所以能發展到今天這一步，完全是透過了解對手的實際情況後，再加上自己的實力，才獲得了成功。

他的經歷這樣的：在門德列剛開始創業走向成功的時候，想讓自己踏出國門，在更為廣闊的世界裡從頭再來，重新創造輝煌。當時，瑞士出口鐘錶數量連續十幾年穩占全世界出口總量百分之五十以上，所以人們稱瑞士為「鐘錶王國」。而門德列是當地數一數二的鐘錶商，他在以色列成立了一家全國最大的、實力最為雄厚的鐘錶公司，擁有八百多名員工，還有各地的十二家分公司。三年前，門德列決定進軍瑞士，在那創建了分公司，並以瑞士為根據地，和瑞士的鐘錶商爭奪市場。

在那裡他遇到了一個很強硬的對手，這個對手叫奇克夫，他在鐘錶界很有名望，他擁有的個人資產高達億萬美元，這下棋逢對手，但是門德列沒有畏懼，親自出馬對市場進行了充分的調查，透過周密的分析後，他看到電子石英技術在當時日漸成熟，估測電子石英錶在不久的將來會有很大的市場，便下令讓工廠不分晝夜的生產電子石英錶。

但是像奇克夫這樣的鐘錶大亨，卻堅持認為瑞士傳統的機械手錶在市場上仍然是搶手貨，既能當做市場的主力，也能控制住市場走勢，他認為外來的電子手錶無論從哪個方面來講都是不值一提的，對這種手錶的上市更是不屑一顧。就是在這種背景下，門德列的電子手錶迅速崛起，價格開始下降，但是功能卻越來越多，製作工藝也日趨精美，門德列穩紮穩打，很快就將瑞士在世界上的鐘錶地位收入囊中。那些像奇克夫之類的鐘錶商也只能望其項背，後悔當初不應該輕視新生物。

他們現在能做的事情就是，迅速改變市場策略，他們想生產一些低廉手錶來和廉價電子錶爭奪市場。但是瑞士勞力士手錶的生產成本比較高，只能把價格置於高處，但即使如此，還是敗給了門德列的廉價電子手錶。又一次的決策的失敗，最終瑞士鐘錶業也沒能奪回「鐘錶王國」的地位，再次走入低迷，然而門德列生產的廉價物美的電子手錶，不僅讓他大獲成功，而且名揚全世界，年創收一百億美元。

猶太人門德列的故事給了我們這樣一個啟示：一個人想要創業成功，就必須死死頂住市場，不去和競爭對手硬碰硬，而要順著市場的實際走勢，巧妙做出決策，他走高級尖端，我們就走物美價廉的路，以成本較低的產品搶奪市場占有率，從而一舉擊敗對手，在激烈的市場競爭中，是不能缺少這種與強硬對手競爭的對策的。想做到這一點，你必須要有對市場進行調查研究、分析、預測的意識，才有獲得成功的可能。

財富箴言：

猶太人認為，只要不做違法的事情，什麼生意都能嘗試著去做，什麼錢都能嘗試著去賺，所以他們的思維極其活躍。猶太人最喜歡創建自己的公司，即使是他們用心血締造出來的企業產品，只要能獲取更高的利潤，他們也會果斷將它們賣掉。因為猶太人認為，創建公司的目的就是為了賺錢，一旦公司不能再創造出更多的利潤，就會變成一塊食之無味的雞肋，即使有再多不捨的情結，他們也會立即轉手或宣布破產。

專門做一件事的奧克斯

世界上總有那麼些人在抱怨自己沒有錢，受著貧窮的折磨，這讓他們痛不欲生。他們之所以窮，不是因為他們不聰明、不勤奮，而是他們一會兒覺得這個賺錢，一會兒又覺得那個好，忙忙碌碌，人很快就老去了，結果是什麼也沒得到，注定了一生貧窮。

而猶太人在開始經商的時候，講求靈活變通，但隨著生意越做越大，就一定會選擇一個比較專注的目標，盡最大的努力，提高自己產品的品質，成為行業的佼佼者。

奧克斯於西元一八五八年出生在一個猶太大家庭。由於家裡窮沒有錢供他上學，後來在一個好心拉比的悉心教導下，奧克斯學會了讀書寫字。奧克斯從十二歲開始便在餐廳打工，十四歲那年到一家報社當雜工，十六歲時開始當排字工人，十七歲時又進入另一家小報社當排字領班和記者。

奧克斯是個十分上進的年輕人，能長期堅持去做一件事情，他就是憑藉這種精神在事業上獲得了較大的成功。

凡是能堅持做一件事情的人，必定能將一件事情做到最完美，他們能堅持和專注當成一件快樂的事情，能忘我的投入到當前的工作當中，就像愛迪生為了一種耐用的燈絲，歷經了五百多次的失敗也沒放棄過，最終獲得了成功。所以說：專注和堅持是通往成功的階梯。

奧克斯十四歲就開始在報社做排字的工作，從此便在報社中堅持。他的勤奮和努力讓他進步飛快，年僅十七歲就當上了領班和記者。在他十九歲那年，便有了想和別人合作的想法，於是便找來他的朋友保羅和麥戈雲聯手開了報社，結果由於缺乏經驗，只經營了幾個月便倒閉了。

雖然合夥開的報社失敗了，這個打擊沒有將奧克斯擊倒，經過他反覆思考，決定利用報社的機器和紙張，編印一本《工商指南》，相信可以挽回一些經濟損失。根據這個思路，他特地去拜訪了許多工商界人士，將他們的公司位址、名稱及經營目錄、聯絡方式一一記下，然後自己親自上陣排版，裝訂成書，向工商界推銷。這本《工商指南》實質上是一本工具書，在當時的圖書市場還沒有此類書，對工商界展開業務十分有利，因此這本書開始大賣，他從中賺了一筆錢。他順著這個思路，又編印了一些類似的工具書，賺了不少錢。

一八七八年，奧克斯已經二十歲了，他比以前更加能堅持和專注了，他決心再次開報社。此時正好有一家名叫《漆坦隆加時報》因為資金周轉失敗陷入困境，打出廣告尋求買主，奧克斯果斷的以一千美元的價格買了下來。

奧克斯接手該報後，便開始大刀闊斧的進行了一系列的改革，他決定讓報紙的內容集中報導民眾注意的問題。同時，他對報社內部的人事進行了改組，將人數控制在合理的範圍內。他自己既當社長，又兼領班；結果用了兩年時間，報紙的發行量大大增加，賺了不少錢。到一八九二年的時候，《漆坦隆加時報》成為了該市最有名氣的報紙，奧克斯見賺了錢，便斥資二十萬美元蓋了報社大廈。在十九世紀的時候二十萬美元已經是一筆鉅款了，因此該大廈建的十分豪華漂亮，這無形中就增加了這家報社的實力。

奧克斯的堅持和專注讓他變得意氣風發，他又不滿足於《漆坦隆加時報》的成就，決心向全國性的報紙進軍。一八九六年，他發現《紐約時報》開始走入低谷，便看準時機，花了一筆鉅款將它買了下來。

在奧克斯正式接管《紐約時報》後，又開始進行了大膽的改革，這一次他又大獲成功。一八九六年八月十三日，紐約時報改組成功，奧克斯順理成章成為該報董事會的主席。

隨後，奧克斯又對《紐約時報》進行了改革，增加了一些經濟新聞。此時正是紐約市經濟騰飛之時，城市人口不斷增加，這成了《紐約時報》銷售的最好時機。奧克斯從排字工人做起，他在多年的排字工作中累積了豐富的經驗，在對《紐約時報》進行了一系列的改革中，他對其他各類報紙的風格進行了分析，對《紐約時報》開始精心編印，顯示出了別具一格的風格，令人耳目一新。同時，他別出心裁的在週末時增刊「週末書評」。更為重要的是，他把零售價從每份四美分，降價到每份兩美分。這樣做雖然減少了一部分收入，但是報紙的銷售量大為增加，而一些企業的總經理們看到《紐約時報》發行量驚人，紛紛在報紙上刊登廣告。如此，《紐約時報》的收入更是蒸蒸日上。

奧克斯剛接管《紐約時報》的時候，其發行量少得可憐，只有區區的一千份，到了一九〇〇年的時候，發行量猛增到十萬份，奧克斯賺的盆滿缽滿。到了一九〇四年，奧克斯又斥資三百萬美元興建「紐約時報」大廈，樓高二十二層，這在當時是少有的高樓大廈。

一九二八年，在奧克斯七十高齡的時候，他仍然捨不得離開這份報紙，儘管他已經是全美有名的富翁了，還是默默的在幕後為該報出謀劃策。

長期的堅持和執著追求雖然是成就一番事業的根本，但在必要的時候，還是要學會變通，大膽去嘗試創新。

財富箴言：

在猶太人中廣為流傳一句「勿竊盜時間」的經典經商格言，這句格言不僅是猶太人生意上的格言，也是猶太人對經商的一種禮貌性的尊重。所謂的「勿竊盜時間」，是告誡猶太人不能多占用別人一分一秒的時間。在猶太人看來，時間不僅意味著生活，它還代表了珍惜生命和金錢。猶太人把時間當做金錢來看待，這使得他們能把握住一分一秒的時間搶占商機，獲取最大的利益。

猶太人的財富密碼之九：零錢硬幣也是錢

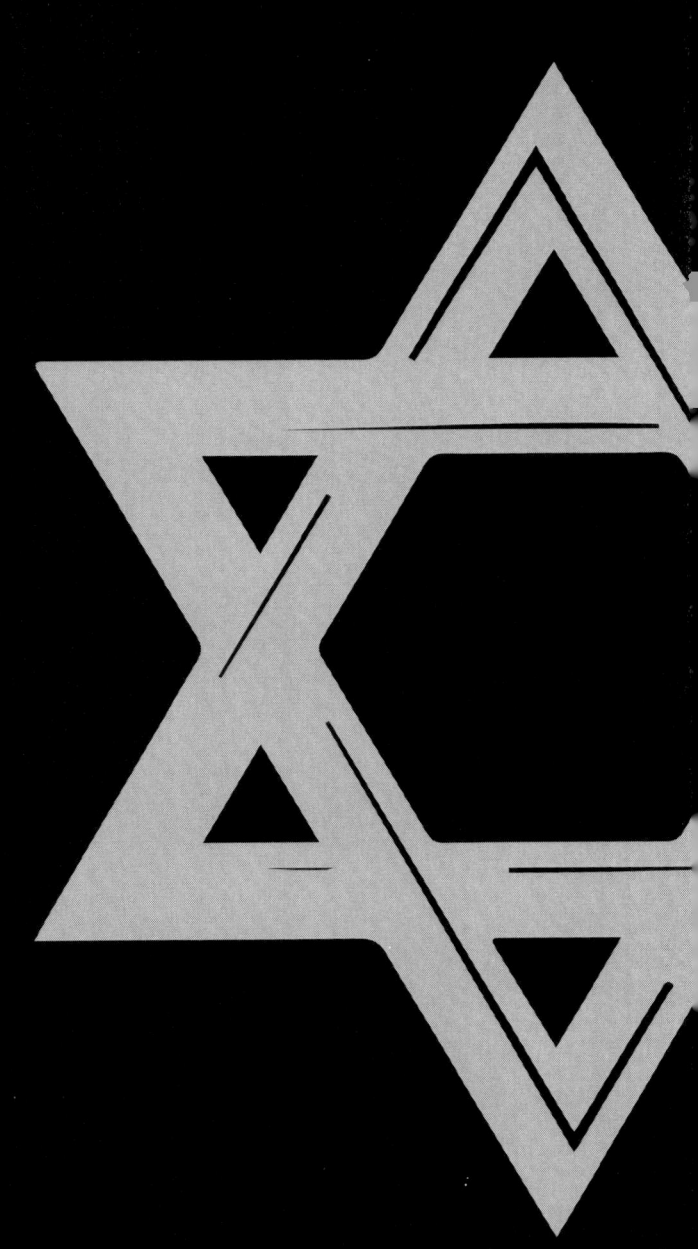

惜愛硬幣而成就事業的猶太年輕人

老子有言：「合抱之木，生於毫末。九層之台，起於累土。」這句話就是想告訴我們：任何事情的成功都是逐漸累積起來的。財富的概念，是有很多的金錢，但是這些金錢也並不是憑空而生的，這就需要我們長期累積。燕子在築巢時，會四處找尋築巢的樹枝，然後逐漸累積起來，累積的多了，方能鑄造一個舒適的窩棚。財富的累積也是一樣，只有慢慢的、鍥而不捨的累積，才能夠積存成龐大的財富。

猶太人就是一個很聰明的民族，他們懂得如何去積存財富，不會因為錢少而不放在心上，他們有一個很好的金錢觀念：少少的金錢慢慢的積存起來，就會變成很大的一筆錢。

有這樣一個小故事：

有兩個年輕人一起去找工作，他們一個是英國人，而另外一個是猶太人。當他們走在街道上時，前面的路上有一個硬幣。英國青年覺得因為一個硬幣而讓自己彎腰，是一件很不值得的事情。而猶太青年卻是激動的跑了過去，撿起這枚硬幣，擦了擦放進了口袋裡。英國的青年看到猶太人去撿硬幣，很看不起他，心想：就連一枚硬幣也撿，真是白痴！猶太青年望著遠去的英國青年，心裡暗暗的說：讓錢白白的從身邊溜走，真是白痴！

這個年輕人同時走進了一家公司。這個公司的規模很小，薪水也很低，而且工作的任務量非常的大。英國人看不起這一點薪水，於是很不屑的就走了。而猶太人看見這家公司很高興，心想我終於可以賺錢了，於是就留了下來。過了兩年，這兩個年輕人又在街上相遇了。此時的猶太人已經有了自己的公司，成為了一個老闆，而英國青年還在苦苦的找尋著工作。

「像你這樣連一個硬幣都撿的沒出息的人，怎麼會當上老闆呢？」英國人很不解。

猶太青年回答他說：「像你那樣連一個硬幣都不要的人，怎麼會得到大量的財富呢？」

這個英國青年並不是不要一個錢幣，他只是把眼光放太高了，他想得到的是大錢而不是小錢。可是他忘記了，大錢正是由小錢累積起來的。一個不懂得從小錢開始累積的人，是永遠也不會擁有財富的。

「羅馬不是一天造成的」，想要得到更多財富，需要我們堅持每日的累積。荀子曰：「不積跬步，無以至千里；不積小流，無以成江海。」若是不在乎那小小的一步，又怎會形變大江南北呢？滴水穿石，也是靠日積月累得來的。水滴的力量固然微小，但是它有每日堅持不懈的恆心，最終將石頭擊穿。我們累積財富亦是如此，也許一個硬幣是微小的，很多人都看不起它；但是每天存起一個不起眼的錢幣，一年之後，也是一個龐大的數目。

那麼，猶太人的財富要如何累積呢？

從消費方面來說，猶太人不會買昂貴的車子，一部車子要開很久，這樣就可以省下一部分金錢。他們從不吃垃圾食品，也放棄了辦公室咖啡，而是把這些錢省下來。上班期間，堅持每週從家裡帶一次飯，每週就可以省下一頓飯的錢。晚上下班後，他們從來都是在家裡享用晚餐，這樣也能夠節省掉不必要的開銷。他們消費的時候，每週都用五美元的打折卷，把開銷降到最低。

從生活方面來說，猶太人也有很好的生活習慣。他們從不輕易的離婚，因為離婚費很昂貴，還要把財產分開。他們不喜歡租房子而是自己買房子。因為長期租房子的錢，足夠買一間自己的房子，並且自己的房子不會到期。猶太人不喜歡用信用卡，並且不喜歡打長途電話，因為他們覺得這樣也很浪費金錢。他們在買東西前，總是先上網查一查價錢，避免買到昂貴的東西。

猶太人的富裕，在於他們有節約的生財之道。節約不代表吝嗇，猶太人的理財方法就是盡量避免把金錢花在那些沒有用的地方。每花一分錢，都要讓這一分錢發揮百分之百的價值。猶太人正是因為有了累積財富的好習慣，才能成就非凡的事業。

財富箴言：

金錢其實跟人是一樣的，你若是尊重他們，他們就不會虧待你；你若是不把它們放在眼裡，那他們也會從你身邊溜走。人生就像一場旅途，錢幣就是沿途的風景，只要我們不忽略沿途的任何一處風景，路途結束後，你就會發現這次旅途你過得很充實。

每月存一萬的哈樂德

猶太人愛惜金錢，他們會把自己的錢財一分一分的存起來，這樣看似很簡單，但是存錢也不是一件容易的事情，這就需要猶太人有恆心，有毅力並且有自我控制的能力。

在猶太人中，有一個叫哈樂德的年輕人子，他一開始只是一個經營小餐廳的商人。有一次，哈樂德經過麥當勞，看到裡面人潮湧動的場面，心裡就想：這裡面該有多大的利潤啊，若是我也代理一家這樣的速食店，那利潤肯定很可觀。

於是，他便找到了麥當勞總部的負責人，向他說明自己想代理一家麥當勞。可這位負責人告訴他，想要代理麥當勞必須支付兩百萬美金才可以。

哈樂德沒有那麼多錢，於是他就想，若是我每個月都存下一萬美元，那麼兩百個月以後，我就可以開一家麥當勞了。從那天開始，哈樂德每個月都會將自己的薪水存起來一萬美元。他怕錢在自己的手中花掉，於是就在每個月的一號，將錢存起來，然後再規劃自己的經營費用和日常的開銷。

一轉眼，六年過去了。哈樂德依舊堅持著每個月一號將一萬美元存入銀行，六年以來從未間斷過。銀行小姐每個月一號都見他來存錢，甚至是下大雨也會如約而來，就很奇怪。哈樂德告訴這位銀行小姐他想代理麥當勞，但是錢不夠，所以才存錢，銀行小姐都被他的堅持與恆心打動了。

但是六年的時間他只存了七十二萬美元，距離兩百萬美元還差很多。於是他去找麥當勞的負責人威爾遜先生，他向威爾遜先生講述了自己六年來的存錢經歷，並希望威爾遜先生能夠將麥當勞的代理給他做。威爾遜聽完他講述的一切，深深被他的執著所打動，但是他還是想去銀行打聽一下，哈樂德說的是否是真實的。於是他到銀行問行員，認不認識一個叫哈樂德的人，銀行小姐都笑著告訴他：「當然，這個人想代理麥當勞，每個月一號都會過來存一萬美元呢，就連下大雨也沒間斷過，還真是不簡單啊。」

威爾遜聽完後，認為哈樂德是一個可造之材，當即就將麥當勞的代理全部都交給了他，哈樂德實現了自己的目標，開了一家麥當勞的代理店。

正是哈樂德每月堅持不懈的存一萬元，六年後終於感動了威爾遜先生，成就了自己的夢想。

可見，存錢不一定要注重每次存多少，而是貴在堅持。若是只在第一個月存很多錢，但是以後都不會存錢，那麼你的富有程度也僅限於第一個月存的金額數目。若是每個月不存很多，但是長期的堅持下來，那麼你的富有程度每個月都會增加，直至你越來越富有。

人生就像是一場馬拉松比賽，只有那些有恆心有毅力的人，才能衝刺到終點，得到最豐厚的獎賞。愚公每日移動一塊石頭，長久的下去，也會將大山移平。精衛每日向大海裡投一塊石頭，長此以往，大海也會變成陸地。我們每天存下一分錢，很多年之後，也會成一不小的財產。頑強的毅力既然可以移山，可以填海，那麼也可以從芸芸眾生中篩出成功的人。

堅持不懈，僅僅有決心也是不夠的，同時也需要我們有自我控制能力，這就需要我們有很好的自制力。當我們想存錢時，就一定要管好自己的腰包。若是無度的揮霍，自己辛苦存的錢就一定會被取出來，到頭來還是一分錢沒有存到。既然要存錢，就要控制住自己，存的錢不可以再輕易的取出來，這樣久了才能存到屬於自己的財富。

財富箴言：

存錢就像蓋房子，若是想蓋一棟屬於自己的舒適房子，那就需要我們添磚添瓦，長期堅持，日積月累。雖然前期會很辛苦，但是當房子完成以後，就會是享受的過程。存錢的前期也是累積的過程，會很辛苦，但是當錢存到一定的程度，你就會發現，自己不知不覺已有了一大筆財富。

不把車停在貴賓區的比爾蓋茲

從古到今，節儉一直是傳統美德，我們在生活中節儉，可以使生活變得更好。同理，在理財時。若是也崇尚節儉，那麼我們的財富會越來越多。

若是你想成為富人，那就要從小事做起，從小的數目節儉，即使是每天節省一塊錢，那一個月就是三十塊錢，一年就是三百六十五塊錢。不要看這些數額小，也許一年三百六十五塊錢對很多人來說不算什麼，但是人的一生不僅僅是一年而已，我們要活好幾十年，這樣每天節省一塊錢，到了老年時期，我們就會有一筆不小的財富。

對於理財節儉這方面，比爾蓋茲就做得很好。他懂得如何製造財富的同時，更懂得如何保持這些財富。能節省的絕對不會浪費，這就是比爾蓋茲的致富之路。

比爾蓋茲雖然是世界首富，但是他的著裝十分簡樸，外出搭飛機時，也從來不坐頭等艙，只坐經濟艙而已。有一次，比爾蓋茲約了朋友出來見面，但是他來晚了，飯店的停車場此時已經停滿了車輛。服務生建議他把車停在貴賓區，比爾蓋茲聽後就是不同意，因為貴賓區比普通區的價格要昂貴，他覺得把車停在貴賓區實在是一種浪費。

不一會，比爾蓋茲的朋友來了，看見比爾蓋茲不肯將車停在貴賓區，就對他說：「沒關係，停車費我來付。」比爾蓋茲還是不同意，他說：「我並不是缺這些錢，我只是覺得把車停在那裡沒有必要，那是一種浪費。就算是你幫我付停車費，浪費的本質也沒有改變，我們為什麼要白白花費那些不需要花的錢呢？」

在現今的社會中，節儉是一種高尚的品格，他不是吝嗇，不是小氣，而是我們理財的一種手段。沒有財富的人需要節儉，因為它可以創造財富；擁有財富的人更需要節儉，它可以讓你的財富更持久。節儉是一種美德，若是我們將它丟了，那就是丟掉了我們致富的法寶，永遠也實現不了致富的夢想。

很多時候，我們不光是有錢就可以了，我們還要學會花錢。我們手裡的錢就等於是我們的資本，若是一口氣全花光了，那我們的資本就沒有了，剩下的只有負債。若是我們很好的利用這些錢，讓它們充分的發揮其所有的價值，那麼資本就會再生資本，而我們也會變得越來越富裕。

金錢是有限的，這就需要我們不亂花一分錢在那些沒有價值的東西上。錢不是從天而降的，這也需要我們去奮鬥而得來。所以我們更應該節儉，不讓自己的汗水付之東流。

有這樣一個小故事：

比爾蓋茲在他五十歲生日那天，對很多記者說：他名下的財產不會給自己的兒女。很多年以前，比爾蓋茲在全世界掀起了電腦狂潮，而如今，他又和妻子梅琳達一起掀起了慈善事業的革命，他們夫婦把減少全球醫療和教育的不平等當做目標。

蓋茲夫婦曾經向媒體表示，在他們的一生中，要將百分之九十五的財富都捐出來，為了能夠讓被捐助的人真正的受到幫助，比爾蓋茲與他的夫人認真的管理基金會的每一筆捐款。在蓋茲夫婦的帶領下，巴菲特也宣布將名下價值三百七十億美元的股份捐給五家慈善基金會，而其中就有百分之八十三的財產是託付給了蓋茲夫婦所管理的基金會。巴菲特曾說過這樣一段話：「我們不會培養出擁有巨富的子女，他們將來也許會變得富裕，但絕不是依靠這種世襲財富的方式。」

有一句名言說：「克勤於邦，克儉於家。」這句話就是要告訴我們，在生活中，我們要事事節儉，不要驕奢淫逸。理財之道亦是如此，若是不在小的事情上節儉，又怎會創造出大的財富呢？

辛尼加曾經說過：「節儉本身就是一個大的財源。」事實也是如此，節儉可以為我們省下不少財富，更可以幫我們養成一個好的習慣。一個不懂的節儉的人，只會在致富的路上迷失方向，最終也不會走出來。

財富箴言：

奢侈會教壞人的心靈，擁有的越多，享受的越豪華，人就會變得越來越貪婪，不容易滿足。崇尚節儉，不僅是在製造自己的財富，同時也是在拯救自己的心靈。《韓非子》：「侈而惰者貧，而力而儉者富。」其表達的正是節儉的意義，學會節儉，就是學會了致富的手段。

愛惜錢財的猶太人

有這樣一種說法：「猶太人是吝嗇鬼。」這個說法的由來是有一些依據的，但不得不說，這個說法存在著一定的曲解性。猶太人，大部分都是屬於經商的商人，而對於大多數商人來說，都有著對物品的斤斤計較與對金錢的敏銳價值觀，這也可以說是他們對金錢的職業本能。作為商人的猶太人，都有著愛惜錢財的天性。

因背景不同，所處的職業地位也不同，所以猶太人對金錢也有著不一樣的看法：有的猶太人認為「賺錢不難，用錢不易。」這些人只注重怎樣花錢的人。賺錢有時候真的不難，但是要看你怎樣將這些錢花掉，並且花的有價值。也有些猶太人就是實實在在的投資者，他們把金錢視作工具，用這些工具去創造另外一筆財富。還有一些猶太人認為：「金錢雖非盡善盡美，但也不致使事物腐敗。」在這些人的心中，金錢並不是萬能的，但是也是生活的必需品。

猶太人的這些觀點，確確實實的反映出了他們對金錢的獨有的觀念。他們並不是拜金主義者，他們只是愛惜錢財罷了。所以，有人說猶太人吝嗇，有人說猶太人拜金，而猶太人自己卻完全不管外人是如何評論的。只是一心一意的賺自己的錢財。

猶太人對金錢有著很深的喜愛之情，因為他們認為，只要你對金錢有愛惜之情，那麼金錢就會愛惜你，也會心甘情願的跑進你的口袋。

他們除了愛惜錢財，更懂得如何妥善的保護自己的錢財。他們會很努力的賺錢，但是生活中卻很節儉，從不會亂花一分錢。這就是他們的保護措施，在現代我們叫它「開源節流」。「開源」，是開發水源的意思，而「節流」，是指節制水流。開發水源卻要節制水的流出，這就與猶太人收入增多卻要節省開銷是一樣的。

猶太人對金錢有著不同的觀念，而這也是猶太人致富的奧妙之一。一個發生在美國洛克斐勒財團的創始人身上的有趣故事：洛克斐勒在剛剛踏入工作的時候，他的經驗很少，所以經營也是很慘澹。他們想發財，但是卻沒有好的方法。直到有一天，他閒來無事看報紙，正巧看到報紙上刊登一則出售發財祕笈的廣告。洛克斐勒非常興奮，馬上就跑去書店，將這本書買回了家。可是當他打開一看，書內就只有兩個字——「勤儉」，洛克斐勒非常的失望。

在看完那本書後，洛克斐勒的思緒非常混亂，他甚至晚上睡不著覺，只是在思考那本祕笈主要想說什麼。他一開始只是認為自己受騙了，一本書內只有兩個字，又怎麼能說是「發財祕笈」呢？他越想越氣憤，甚至想要去法院起訴他們。但是後來冷靜的想了一想，又覺得這本書說得十分有理。的確，要是想發財，你必須在平時勤儉節約。

就在這一刹那，洛克斐勒突然明白了書中的意思，從此他把自己的錢存起來，並開始拚命的工作，只為了使自己的收入增加。就這樣又過了五年，洛克斐勒將積存的錢全部用於經營煤油，最終成為了美國赫赫有名的大富豪。

猶太人愛惜錢財的方法就是勤儉，一方面他們拚命的工作，千方百計的逍遙賺錢，而另一方面卻是如何也不要去支付那些不必要的開銷。這樣進多出少，最終也會成就他們的致富之路。

沙諾夫是一名在俄國出生的猶太人，在他九歲的時候，跟隨著父母移居到美國。因為家境貧苦，他並沒有機會讀書，就連在上小學的時候，也是利用假期的時間給人家當童工賺錢。就在他小學畢業前，他的父親就因為積勞成疾而與世長辭。只靠母親是無法維持家用的，於是他只好輟學工作以補貼家用。

面對這樣的陌生局面，沙諾夫沒有半句怨言，他非常勤奮的工作，盡自己最大的努力去賺錢。用自己賺來的錢養活一家人，並且還會省下一些錢買書來看。很幸運的是，他在一家店面找到了一份送電報的工作，他看著先進的電報技術，發誓一定要掌握它，並且以後要當這個行業的老闆。

正是這個決心，支持了沙諾夫十年，在這十年裡，他努力的工作，並把自己的薪水節省下來，因為白天要工作，於是他報了一個電工夜校。終於，他獲得了老闆的認可。

一九二一年，他的老闆將沙諾夫任命為「美國無線電公司」的總經理。此時，沙諾夫已經四十歲了，他在這個行業開始發跡，終於成為成為了美國無線電的重要人物。

猶太人的愛惜金錢，並不僅僅是節儉，也在於他們從不會捨棄掉任何一個賺錢的機會，即使是一分錢，他們也會將它得到手。也正是他們的這種對待金錢的態度，成就了他們的致富之路，

財富箴言：

若想致富，就需要做到「開源節流」的法則。努力賺錢是開源的行動，設法省儉是節流的反映。我們要想得到財富，就必須努力的工作，有付出才會有回報。而若想成為富人，就必須養成勤儉節約的好習慣，這才是錢財長久保持的方法。致富並不難，關鍵是看你是否找到了正確方法。

五十美分都要節約的汽車大王福特

很多富人都想培養自己的子女獨立自主，想讓他們了解致富之道，而不是一味繼承他們的遺產。他們並不會將自己的財產留給後代，而是讓他們用自己的雙手去製造屬於自己的真正的財富。

有時候，很多子女就會問這些富人：致富的祕方是什麼？而這些富人回答的也很簡單：節約就是富有。其實，富人與窮人最大的區別就在於富人的錢更多一些，然而這些多出來的錢是怎樣來的呢？當然，這與平時的節儉是分不開的。

銀行家斯圖亞特說過：「在經營中，每節約一分錢，就會使利潤增加一分，節約與利潤是成正比的。」很多富人之所以成為富人，就只因為他們有節儉的習慣；而很多窮人之所以是窮人，是因為他們花起錢來總是很慷慨大方，最終他們還是一貧如洗。就像斯圖亞特，就在他建立了龐大的商業帝國時，他的節儉的習慣仍然在持續著。他把節儉當做是一種智慧，一種商業的智慧。因為他知道，僅僅是富有是不夠的，他要學會怎樣讓自己的富有長久持續下去。

世界上最富有的人群莫過於猶太人了，而猶太人也曾明確的指出：「不能珍視小錢的人必不能成就大業。」上帝是公平的，每個人都有致富的機會，主要看你會不會把握住機會。不要看不起小錢，沒有最初的小錢，又怎麼會去製造大的財富。

有一個報社的小記者，他非常敬佩汽車大王福特，並且很想採訪福特，想了解福特的成功經驗。有一次，這個小記者在飯店與朋友一起吃飯，突然看見福特從一個會議室裡走出來，同時走出來的，還有其他的企業家。

這個小記者很想上前打招呼，但是他卻看見福特拿著帳單向一位服務生走了過去。這個小記者便想看看福特要做什麼。只見福特對這個服務生說：「麻煩你再算一下，看看是不是出現了點誤差。」這個服務生快速的瀏覽了一遍帳單，很肯定的對福特說：「福特先生，這個帳單沒有算錯啊，您先別急，您再算一下。」

沒想到，福特真的就站在櫃檯前算了起來。而此時福特的朋友已經走向門口了，但是福特卻算著帳單。服務生看見福特如此認真，便對福特說：「這個帳單上多收了您五十美分，因為我們今天的零錢太少了，所以湊了個整數，但是我想，像您這樣的有錢人應該是不會在意這五十美分的。」

福特抬起頭，很正經的說：「我想你錯了，我是非常在意的。」服務生很尷尬，但是他給自己找了一個理由：「那福特先生，這五十美分就算您給我的小費吧。」福特說：「小費我已經付給您了，其中並不包括這二十美分，所以，這些錢您應該找給我。」

小記者看著福特拿完錢走遠了，並未上前去追趕，因為他已經從福特的一舉一動中了解到了成功的經驗，那就是財富是一點一滴累積起來的。

事情不論大小，都需要我們注意，金錢無論多少，也不應當隨意揮霍。猶太商人從來不會揮霍，他們往往並不在意自己是多麼的富有，但是他們很在意浪費每一分錢。猶太人很注重節儉，就算是宴請賓客，也只是遵循吃飽吃好的原則，他們不會在意排場，更不會因為自己的面子而亂開銷。

每一個猶太人心中都有一筆節儉的帳。他們認為，每天節省一美元，那麼當自己老了的時候，就是一個百萬富翁。所以他們寧願在年輕的時候崇尚節儉，努力省下一些錢，也不願在年邁的時候還四處奔波。

猶太人崇尚節儉，並不代表他們很吝嗇。他們只是認為節儉是一種致富的方法，也並不是在一切事情上都節儉。他們會把錢用在該花的地方，杜絕一切浪費金錢的行為。他們很注重自己的身體健康狀況，不喜歡吸菸，也不喜歡吃垃圾食品，因為吸菸和垃圾食品既浪費錢財也影響身體健康。

猶太人就是在這些一點一滴的小事上積存自己的財富的。也正是這一點一滴的小事，才能看出猶太人的致富之道。

財富箴言：

猶太人的致富經驗告訴我們：對於錢財，即使再少，我們也要努力去爭取，若是看著金錢從身邊白白的溜走而不去爭取，那也只能夠一貧如洗。不要在意別人的眼光，大膽的表現出你對金錢的愛惜，即使有人說你吝嗇，你也不能讓自己的錢白白的花出去而得不到一點利潤。我們要崇尚節儉，花錢有道，這樣才能早日實現致富的夢。

因為節儉而富足的猶太人

有很多人都會奇怪猶太人為什麼這樣的富有，也有些人認為是猶太人的智商太高，而自己的智商又太低了。其實不然，科學家曾經表示：一個高智商的人的智商並不比正常人高出多少，而猶太人之所以那樣富有，與智商也沒有多大的關係。

猶太人之所以富有，是因為他們有自己的致富方法。同樣是一分錢，也許我們花著一分錢也只能得到半分錢的報酬，而猶太人則不同，他們每花一分錢都會慎重的考慮，花一分錢能得到的利潤是多少。他們從不做虧本的買賣，若是花一分錢得到的價值不到一分錢，那他們就會放棄，絕不會讓這一分錢白白浪費，即使是浪費一毫一厘也不可以，這就是猶太人的等價交換原則。

有一個猶太人開了一家熟食店，有一天，一個法國人問這家熟食店的老闆：「問什麼你們猶太人這麼擅長理財呢？」這個猶太老闆對他說：「這個答案很簡單啊，因為猶太人喜歡吃鮭魚。」法國人信以為真，於是每天都來這家熟食店買鮭魚。過了幾天，這個法國人怒氣沖沖來到這家熟食店，進門後就和猶太人老闆吵了起來：「別人家的鮭魚才賣三法郎，你為什麼要賣五法郎，你竟然欺騙我。」猶太人老闆笑了笑，說：「你現在不是已經懂得理財了嗎？」

猶太人就是這樣將自己的錢財管理好，從不讓錢隨便從手裡溜走。另外，猶太人還喜歡精打細算。他們買東西前會先上網查一查哪一家的物價最低，絕不會無緣無故的花冤枉錢。而猶太人的這種習慣，就是平日的節儉，絕大部分猶太人的財富與節儉是分不開的。他們崇尚節儉，對他們來說，節儉是一種智慧，也是一種斂財的手段。我們稱猶太人的這種致富方法為節儉法。

有一天，猶太人哈德走進了一家銀行，他來到貸款部，貸款部的經理連忙上前問道：「先生，有什麼要幫忙的嗎？」

「我想借些錢。」哈德回答道。

「那麼先生，您要借多少錢呢？」這個經理問哈德。

哈德想了想，說：「一美元，可以嗎？」

這個經理有點不相信，就反問道：「您只需要一美元嗎？」

「是的。」哈德很有禮貌的回答。

經理說：「其實，只要您有擔保，多借點也是沒有關係的。」

哈德從自己的包裡掏出了很多珠寶，對這個經理說：「這是價值五十萬元的珠寶，這些擔保夠嗎？」

「當然了，先生。」經理把一美元交到哈德的手裡說，「年息是百分之六，只要您在一年後將利息和本金歸還，我們就會將這些物品還給您。」

「謝謝。」哈德說完後便走出了銀行。但是旁邊的行長心裡很納悶，於是便追出去問哈德：「先生請您等一下，請問您一下，您有價值五十萬元的珠寶，為什麼只借一美元呢？」

哈德對這個行長說：「哦，是這樣的。我之前也去過幾家金庫，但是他們的租金都太昂貴了，您這裡的租金相對於那邊的保險櫃來說，實在是太便宜了，一年才六美分。」

也許對很多人來說，上面的故事只是一個笑話，但是我們深究起來，這就是猶太人的致富祕方，他們會想盡一切辦法讓自己的錢花得有價值。在猶太人的理財觀念中，一不等於一，而是大於一，他們會用自己原本的財富創造出更大的財富。

猶太人生活節儉，並不代表他們會讓自己過得很不舒服。恰恰相反，他們會盡最大的努力讓自己的生活變得舒適。他們偶爾也會奢侈，但這種奢侈永遠會和精打細算相平衡。猶太人很注重享受，但是他們會選擇花費最少但是很舒適的享受。這就是猶太人，在他們的手中，一分錢往往能夠展現出你意想不到的價值。

正因為猶太人有著「慎重花錢」的消費習慣，才令他們想盡辦法將一分錢的作用充分展現出來，這也就變成了世人眼中的聰明舉動。也可以說，猶太人的高智商，來自於平時對金錢的愛惜與節儉的好習慣。

《塔木德》說：「節約是生財之源，節約是理財之方。」猶太人的節儉也正是他們善於理財經驗的精髓部分。

財富箴言：

一個人想要賺錢，也許是一個很漫長的過程，但是用自己手裡的錢賺錢，卻是一個很快的過程。我們不是金錢的僕人，不能等著它主動降臨，我們要把金錢當成是一種工具，成功的駕馭它，對於我們創造財富來說，它將會是一個很好的工具。不要被金錢左右，要讓金錢隨著你的腳步，致富就會容易得多。

從小就培養孩子節約意識的猶太人

猶太人的理財觀念，並不是天生的，而是源於他們後天的教育。猶太人對孩子們的教育很看重，在猶太人很小的時候，他們的父母就會告訴他們，什麼錢該花、什麼錢不該花，也就是從小建立起他們對節約的意識。

猶太人的父母從小就會告訴他們的孩子，節儉並不是吝嗇，只是花錢有道而已，他們會告訴自己的子女，不要在意別人的眼光，只要做自己認為正確的事情就好了。他們會從小培養孩子的價值取向，讓他們學會思考，學會自己判斷金錢的利用價值，和別的國家的教育方式是不同的。

一個孩子對他媽媽說：「媽媽，我想要一架鋼琴，可以買給我嗎？」媽媽回答說：「孩子，我們家沒有那個閒錢啊，等以後再說吧。」孩子聽了媽媽的話，就會理解為：我們家裡現在沒有錢，必須要省吃儉用，但是有了錢就不必這樣了。等以後家裡富裕了，這個孩子花錢就會沒有節制。

而猶太人的教育與其他人完全不同。

猶太孩子對他的媽媽說：「媽媽，我可不可以買一架鋼琴？」

猶太媽媽會說：「可以，但是你覺得買一架鋼琴對你真的十分有用嗎？鋼琴是很貴的，買了你真的會彈嗎？」

猶太孩子聽了媽媽的話，就會思考，這架鋼琴對我真的很重要嗎，價格這樣貴，我買它值得嗎，結果分析完以後，就會發現鋼琴對他來說是可有可無的，可以暫時先不買。

除了讓孩子自己思考以外，他們還會從健康方面灌輸孩子省錢的方法。例如，灌輸孩子不吸菸的思想。他們會告訴自己的孩子，吸菸有害健康，並且菸的價格不是很便宜，若是每日都吸，那和吸錢沒什麼兩樣，等長大之後他們就會發現這一生中吸菸就會花掉四十多萬美元，並且還會汙染自己的肺。

此外，他們還會告訴自己的孩子，最好不要吃垃圾食品，因為那些食品沒有營養，並且會浪費掉很多錢。他們會教自己的孩子積少成多的思想，並叫他們從十五歲開始，每天節約一美元，等老了以後，就會看見一筆很大的財富。

猶太人的節約意識，就是從小時候開始一點一滴的灌輸進他們的腦袋裡的，等到他們長大之後，就自然而然的形成了節約的意識。

猶太人會從小教孩子怎樣製造財富，告訴他們如何能讓金錢發揮大於金錢本身的價值。有這樣一則小故事：

一個猶太財主將他的財產託付給三位僕人保管與運用。他給了第一位僕人五份金錢，第二位僕人兩份金錢，第三個僕人一份金錢。猶太財主告訴他們，要好好珍惜並妥善管理自己的財富，等到一年後再看他們是如何處理錢財的。

第一位僕人拿到這筆錢後進行了各種投資；第二位僕人則買下原料，製造成商品出售；第三位僕人為了安全起見，將他的錢埋在樹下。一年後，地主召回三位僕人檢查成果，第一位及第二位僕人所管理的財富皆增加了一倍，地主甚感欣慰。唯有第三位僕人的金錢絲毫沒有增加，他向主人解釋說：「唯恐運用失當而遭到損失，所以將錢存在安全的地方，今天將它原封不動奉還。」

猶太財主聽了大怒，並罵道：「你這愚蠢的僕人，竟不好好利用你的財富。」

對於很多人來說，節儉不過是口頭上的標識，而真正落實行動的又有幾個人呢？像猶太人這樣，從小培養節儉的意識，以自身的行動作正確的嚮導，引導他們的孩子走向致富之路，這才是真正的教育。

猶太人會教育孩子要節儉，但不是教育孩子不享樂。他們會告訴自己的孩子，在什麼情況下節儉，在什麼情況下可以享受，享受的同時也要思考，享受用的金錢是否能夠達到享受的目的，這樣思考下來，可想而知，他們的頭腦便會越來越靈活。

財富箴言：

我們在生活中，要善於計算每一分錢，每一分錢都有它的價值，我們在利用這一分錢時，要衡量一下，用這一分錢所交換的東西是否值得，是大於這一分錢的價值還是小於這一分錢的價值，再決定要不要將自己的錢財拿出來與別人交換。在生活中善於計算、善於動腦，我們的智商會越來越高。

現金至上的猶太富商凱爾

猶太人在經商時都鍾愛現金。他們很少將自己的金錢存進銀行，而是存在保險櫃裡。也許有些人也許不理解他們為什麼這樣做，甚至會笑話他們不懂得賺取銀行的利息，但是猶太人依舊堅持自己的現金主義。

有一個富商叫凱爾，他有上億美元的資產，但是他卻很少把錢存進銀行裡，他總是將自己的資產存進保險庫。

有一個日本的富商對他的這種做法很不解，於是就過來問凱爾：「凱爾先生，對於您不將金錢存進銀行這種做法我很困惑，銀行裡有高額的利息，你為什麼不去賺取那些高額的利息呢？您不覺得把錢存進銀行心裡會踏實些嗎？因為那是生活的保障啊。」

凱爾先生回答他說：「若是把錢存進銀行，就會覺得生活有了保障，當儲蓄的錢越來越多了，心理上的保障的程度也會隨之變高，這樣就永遠都不會得到滿足。把自己能夠用到的錢永遠束縛在銀行內，那麼自己賺錢的機會就會減少，自己的經商才能也會用無用武之地，仔細想想，若是靠銀行的利息使自己富有，那將是一個多麼漫長的過程啊。」

日本商人覺得凱爾的話不正確，但是也沒有可以紕漏的地方，就對凱爾說：「以您的意思，就是說您很不贊同儲蓄了？」

「當然不是，」凱爾繼續說道，「我並不是反對儲蓄，我只是反對把儲蓄當成愛好，在需要用這些錢的時候，卻不拿出來用，這樣就會白白流失爭取錢財機會，也許用自己的錢去投資，遠遠比銀行利息賺的要多。我反對死存錢的行為，相對於將錢困在銀行裡，我更喜歡用這些錢去冒險。」

凱爾並不將錢放在銀行裡，他讓自己的金錢流通出去，讓他們發揮自己應有的價值，這才是真正的用財有道。

猶太人經商，很注重自己的利潤回扣，存款對於他們來說無關緊要，重要的是能夠用自己手中的現金去創造更多的財富。他們之所以不會將金錢存入銀行，是因為他們並不看重銀行的利息，而是用自己的頭腦將錢財靈活的運用起來，他們有自信能夠用自己的錢財創造更多的錢財。

我們做生意要有本錢，但是本錢的金額是有一定限度的，若是一個企業只是將自己的本錢存入銀行，靠利息來維持公司的運轉，那這就只能是個不流通的小公司。企業的資金是靠不斷周轉得來的，只有這樣的周轉、投資，才能把營業額做大。

在猶太人看來，一個人會不會經商，只要看他們對自己的理財方式，有智慧的人會把自己的錢財利用起來，以換取更多的錢財；愚蠢的人才會將自己的錢存起來，用利息來換取金錢。

美國著名高級汽車專家曾經說：「在私人公司裡，追求利潤並不是主要目的，重要的是如何把手中的錢用活。」很多小企業應該都會明白這個道理，但是他們卻始終沒有勇氣去放手一搏。他們害怕投資失敗了，所有的錢財都會隨之而去，所以他們選擇將錢財存入銀行，他們認為這樣會更安全。最終這些錢不一定會派上用場。而大企業的做法是，把自己的金錢妥善的管理起來，加快資金的流通，讓自己的金錢在職場上發揮應有的作用。這也是為什麼大企業會越發展越壯大的原因。

商業不是一成不變的，而是一個不斷增值的過程，所以在商業中的錢財也要不斷的滾動起來。猶太人在經營方面也有他們的原則：沒有的時候借，有的時候還。他們不會扭扭捏捏的不向別人伸手，他們認為不敢借錢的人永遠也不會發大財。存錢是他們最不認同的方法，他們認為只有窮人才會存錢，而且會越存越窮。富人的思維是將自己的錢滾動起來，這樣才會越滾越富。

猶太人不讓自己的資金作為存款的做法，也是他們管理資金的一種祕訣。他們能夠很好的讓自己的資金流出再流入，而資金回來的同時，也會攜帶著不小的利潤。

財富箴言：

若想真正的致富，光靠存錢是不成的。我們要學會合理運用自己的資金，為自己找一個可以讓金錢流入的源頭，這樣就算不用存錢，也不會吃不飽穿不暖。但是這個源頭也不是憑空而來的，這就需要我們用自己的雙手、用自己的資金去創造，這才是致富的關鍵。

猶太人的財富密碼之十：合作使你由弱變強

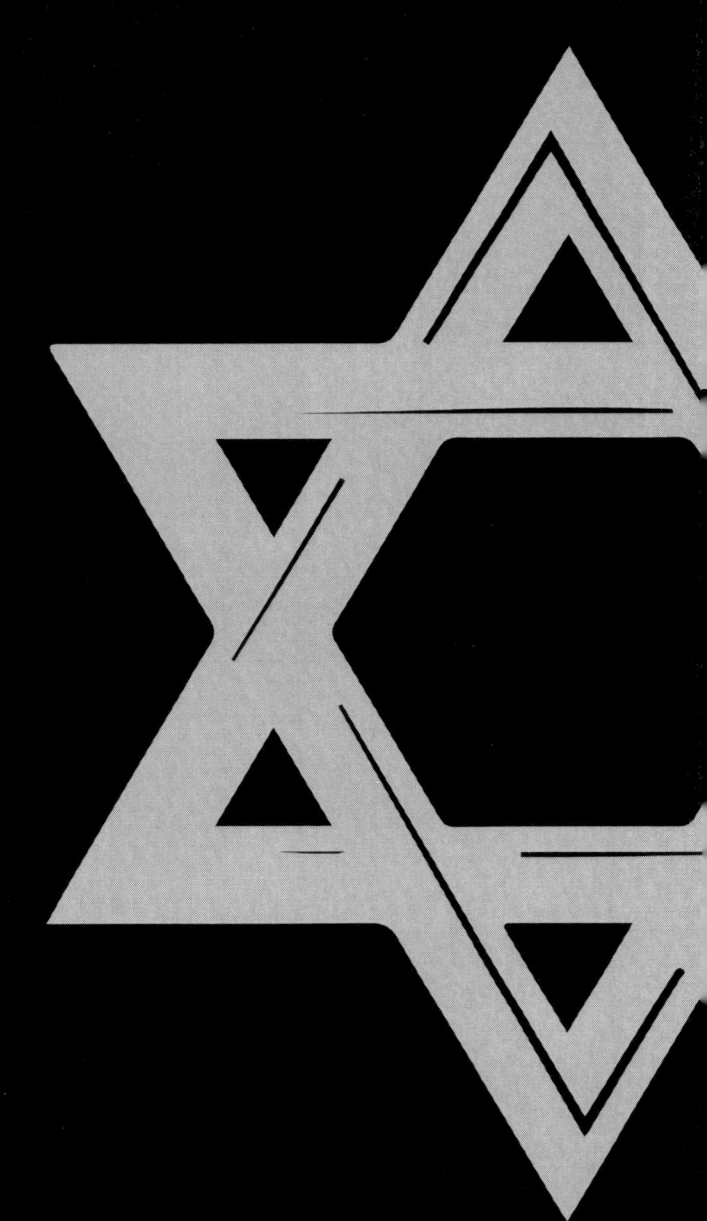

合作是猶太人生存的基礎

俗話說「天時不如地利，地利不如人和。」自古以來，合作一直是通向成功的必經之路。在我們的現代生活中，也是離不開合作的。歌德曾經說過：「不管努力的目標是什麼，不管他做什麼，單槍匹馬總是沒有力量的，合群永遠是一切善良思想的人的最高需求。」可見在我們的工作中，合作是多麼的重要。

作為最富裕的民族，猶太人之間也有很強烈的合作意識。在二戰期間，猶太人大多數都被屠殺了，就在即將瀕臨滅絕的時刻，猶太人變得異常的團結，於是他們逃過了重重磨難，建立了屬於自己的猶太王國，他們憑藉著自己的頭腦，創造了巨額的財富。正是猶太人有很強的合作意識，才奠定了他們的財富根基。

在猶太人的思想裡，小的成功可以靠個人，而大的成功必須靠團隊。而在猶太人當中，也一直流傳著這樣一個小故事：

從前有一個國王，他有三個兒子，並且每一個兒子都很有本事，難分秋色。但是他的這三個兒子都很自負，從來不把別人放在眼裡。而這三個兒子還經常暗暗的爭鬥，見面也不和睦，不是出言譏諷就是在背後互相說壞話。

而國王看他們如此不合，非常擔心，因為不和睦很容易就會讓敵人鑽了漏洞，挑撥他們的關係，這樣一來，等自己死了，那國家就會滅亡了。他的兒子們也終究會成為別人的俘虜。可是，他要怎麼辦，才能讓兒子們團結起來呢？

終於，國王想到了一個辦法。一天，他把自己的三個兒子叫到跟前，交給他們每個人一支箭，讓他們折斷它，三個兒子都是很輕鬆的就將箭折斷了。國王又將三支捆在一起的箭交給他們，讓他們折斷。這一次，無論他的三個兒子怎樣折，就是折不斷。

這時，國王語重心長的對他們說：「你們三個就好比這三支箭，當你們不團結時，就是單支箭，很輕易的就折斷了；但是若你們團結起來，就好比那三支捆在一起的箭，無論怎樣折，都是折不斷的。治理國家，不是靠一個人的力量，而是在於你們三個齊心協力。只有你們三個聯合起來，才能夠戰勝一切。」

三個兒子若有所思，終於明白了國王的用心良苦。在國王去世以後，兒子們和睦團結，國家也一直相安無事。

古人有言：「三個臭皮匠，勝過一個諸葛亮。」而猶太人的合作往往是成千上萬人的合作，這種團體意識不得不說真的很強烈。也正是他們強烈的合作精神，才能夠在世界上創造出一個又一個奇蹟。

團結可以帶來財富，猶太人的生意經中，財富的獲得也不僅僅只有節儉一途，他們的致富之路還會加上團結，猶太人會認為，不知道團結的人，永遠都會和財富擦肩而過。他們堅信每個人都有一雙可以致富的手，只有這些手相互扶持，才能創造出更大的財富。孤身獨戰的人，也只能是職場中的手下敗將。

猶太人可以將金錢和智慧完美的結合在一起，這不會使他們矛盾。而一個人的智慧終究沒有團體的智慧強大，只有團結合作才能迸發出不可思量的力量。

在如今的社會，想要致富，光有頭腦是遠遠不夠的，「團隊合作」已經深深的刻在人們的腦海中。而現實也是如此，每一個成功企業的背後，都有一支優秀的團隊。正是這些人的團結與合作，才能夠將企業帶領事業的最高峰。

財富箴言：

當今社會成功的關鍵在於是否有團隊精神，一支優秀的團隊需要團隊成員有責任感，他們勇於承擔責任，並且願意偉大我犧牲小我；不計較個人厲害，只關心團體的榮譽，在企業遇到困難時，勇於挺身而出，克服困難。這樣才是一個真正的團體。若是有這樣的團體精神，那麼財富也會隨之而來。

善於合作的猶太兄弟萊曼

在猶太人的生意經中，「合作」是一個很重要的字眼。他們認為，伸出手合作可以達到一個共贏的目的。既然是雙贏，那麼大家都是可以賺到錢的，這樣何樂而不為呢？合作可以減輕自己的資金壓力，同時也是最快的獲利方法，使用這樣的方法，生意也將會越做越大。

萊曼兄弟就很重視合作並且善於創造雙贏的收益。

在美國有一家近一百五十年歷史的猶太人銀行，叫做萊曼兄弟公司。這是一間頗有傳奇性的公司，他也是美國少有知名老字號銀行。

在西元一八四四年，有一個叫亨利．萊曼的人移居到了美國。他起初在美國南方待了一段時間，後來他的兩個弟弟也來到了美國，他們就一起移居到阿拉巴馬州，在阿拉巴馬做起了雜貨生意。

阿拉巴馬是美國一個產棉區，農夫們每年都會產很多的棉花，所以萊曼兄弟三人就告訴農夫可以用棉花來換取日常用品。

萊曼兄弟就是用這種方法，吸引了很多人的目光，擴大了自己的銷量。同時，他們手裡的棉花越來越多，這樣就可以操縱棉花的交換價格。他們在進貨的時候，將收來的棉花拿去賣掉，這樣還可以省掉一部分的運輸費。萊曼兄弟就是用這樣的方式來製造雙贏的。

商業如同戰場，存在著一場無硝煙的戰爭。兩軍相爭必有一傷，所以力量越龐大，贏的機率就會越高。如何才能讓自己的力量變得龐大呢？當然，只有合作。

艾思曾說過一句話：「一個人就像一塊磚，若是砌在大禮堂的牆角，誰也動不得；若是仍在馬路上，擋路的話就會將他一腳踢開。」我們在職場上也是如此，團結起來，共同努力，那這個企業就會根基扎實，若是不團結，內部總是有糾紛，那也終究只是一盤散沙。

現代企業也會存在競爭，但是競爭與團結並不矛盾。我們互相競爭，是為了提高我們自身的能力，大家互相促進，企業才能夠與之發展。而我們的團結是一致向外，去向其他企業競爭。所以說，不管是競爭還是團結，我們的目的都是一樣的，並不矛盾。

萊曼兄弟的猶太銀行，在傳到第二代萊曼的手裡時，它的商行勢力已經得以擴大，在運輸業、汽車業和橡膠輪胎業等行業，都可以看到它的影子。這都是在萊曼公司與薩克斯公司聯合之後產生的。

一九六〇年代，美國的經濟進入空前絕後繁榮高潮時期，而萊曼公司將他們全部的資產都投向了聯合大企業。就這樣，萊曼公司的名聲越來越壯大，並成為了企業的帶頭人，為了穩固自己的地位，萊曼還與多家猶太富豪聯姻。

在一九七七年，萊曼公司與洛布公司合併，進一步擴大了萊曼公司的勢力。

庫恩．洛布公司最初只是一個名不見經傳的小公司，他們用僅有的五十萬美元做起了銀行生意，一開始並未得到很多人的注意。直到後來與萊曼公司合併，它的勢力也逐漸擴大起來。因為這次合併，澈底穩固了兩家銀行在華爾街的地位，也讓別的銀行沒有趁虛而入的空間。萊曼公司自己的力量是有限的，但是他們懂得合作的重要性，這才能夠得到長久的發展。

上帝對每個人都是公平的，他在每一個人身上都安插了不同的優點。有時候我們需要一個完美的人，但是又無處可尋，這時候就需要我們有合作的觀念。每個人身上的優點不同，但是將這些人的優點放在一起，那就會變得完美了。

成功也不僅是依靠自己的力量而已，很多時候我們也會需要別人的幫助。只有一個懂得合作、善於合作的人，才有可能實現自己的成功之夢。

財富箴言：

在通向財富的道路上，會有一條很寬的河流，會有很多人在河流的一旁，而財富在河流的彼岸。可是要怎樣過河呢？也許你會有一塊木板，另外一個人的手裡有繩子，還有的人手裡是竹竿，這時候就需要合作的精神，只有大家把各自的物品放在一起，才可以做成一條小船。職場亦是如此，我們只有團結合作，才能夠創造財富。

熱衷於借勢獲利的猶太人

《塔木德》裡有這樣一句話：「沒有能力買鞋子時，可以借別人的，這樣比赤腳走得快。」的確，在我們的生活中，不可能事事都是完美的，我們也會有力不能及的地方。在這種情況下，我們要怎麼辦呢？這就需要我們善於借助他人的力量。

猶太人中有一句名言：「善於借助外力的人是成功的人。」借助別人的力量，以擴充自己的實力，將自己立於不敗之地，這就是猶太人的理念。

有這樣一個小故事：

有一個猶太人，他很貧窮。有一天，他到一個富人家去討飯，富人並不想給他飯吃，於是這個窮人就對富人說：「我可以在你家的火爐將自己的衣服烤乾嗎？」富人想想也不是什麼太大的要求，就准許了。窮人在烤衣服的時候，又對富人說：「能幫我架一口鍋嗎？我想煮一鍋石頭湯。」富人從沒見過石頭湯，很好奇他會怎樣煮，於是就命人幫他架一口鍋。窮人就開始煮石頭湯，過了一會，窮人又向富人要求，說湯裡沒有味道，借他的調味料用一下，於是富人又命令廚娘將油、鹽、白菜、香菜、肉片放進鍋裡。過了一會，窮人說湯煮好了，於是他把石頭從湯裡挑出來扔掉，將肉湯喝進了肚子裡。

這個猶太人正是憑藉著自己的聰慧，借助了富人的力量，才使自己喝到美味的肉湯。

在職場中，當我們遇到自己辦不到的事情時，也可以借助他人的力量為自己排憂解難。松下幸之助曾經說過：「我用全世界的錢和全世界的人，來辦我自己的事情。」這句話正是展現了職場中借助別人力量的重要性。若是想要自己的事業有所成就，就要學會巧妙的運用別人的財力物力。

有時候，我們也會因為自身的局限性而無法完成任務，這種時候，我們就需要借助別人的力量、別人的手來達到自己的目的，而我們自己則扮演指揮家的角色。

猶太人在這方面就做得很好，他們善於借助別人的力量來完成自己的目的，這也取決於他們的智慧與靈活的頭腦。

有三個人犯了法，需要在監獄裡服刑三年。他們三個中，有一個是美國人，一個是法國人，還有一個是猶太人。監獄長看他們很可憐，就允許他們每個人提一個請求。

美國人十分喜歡抽雪茄，於是他向監獄長要求給自己三箱雪茄，監獄長答應了。

法國人十分的浪漫，他向監獄長要了一個美麗的女子，監獄長也答應了。

猶太人只要了一個可以與外界聯絡的電話，監獄長很驚訝，他的要求只有這樣而已，於是也答應了猶太人的請求。

三年的時間很快就過去了，這的三個人也從監獄裡被釋放了出來。出來後，美國人叼著滿嘴的雪茄，大聲嚷嚷：「給我火，給我火。」原來，他忘記要打火機。

而法國人出來時，只見他手裡抱著一個孩子，另外一隻手牽著一個孩子，而他身後美麗女人的肚子依舊是鼓起來的，在那裡面還有一個未出世的孩子。

而猶太人出來時，他緊緊的握住了監獄長的手，對他說：「正是因為您給了我這部電話，才讓我能夠隨時與外部聯絡，我的公司不但沒有倒閉，還成長了百分之三百，我現在已經擁有一個大企業了。」

猶太人利用電話與外部的人聯絡，又利用外部的人員，讓他們為自己辦自己辦不到的事情，這樣不但保住了自己的公司，利潤反而上升。這就是猶太人善於借用別人勢力的大智慧。

所謂的借用別人的勢力，並不是盲目的借用，我們要接收對自己有利的金錢和智慧，不能不細究其中的好壞就照單全收，那樣無疑是不會成功的。借用別人的勢力，就需要我們有敏銳的眼光，獨到的交際能力，這樣才可以將別人的財力物力應用到最好。

財富箴言：

企業之所以能夠取得成就，不光是自己一個人的努力，一個人的力量再強大，也不可能永遠的將自己立於不敗之地，而若是有其他人的幫助，那企業的根基就會更加的牢固，企業也會得到相應的發展。在現今的社會，不懂借助他人勢力來成就自己的人，是無法輕易獲得成就的。

合作的最高境界是拉協力廠商入夥

猶太人在經商方面喜歡合作，他們認為多了一個合作人，就多了一份保障，自己的事業就會更加穩固。他們經商的時候善於運用「借勢乘力，善假萬物」的方法，這也是猶太人獨有的理念。洛克斐勒就是一個善假萬物的高手。

洛克斐勒的事業剛剛開始的時候，他的財力、物力、人力都是非常有限的，但是他有一個強大的夢想，他想壟斷煉油和銷售，那時候的他根本就不是其他石油公司的對手，這讓洛克斐勒很頭痛，但是他的夥伴弗拉格勒向洛克斐勒提議：「原料產地的石油公司只有在需要的時候才會用鐵路，而在不需要的時候，他們就不會理會。這樣變化不會很大，所以鐵路上並沒有很多的生意可以做，如果我們和鐵路公司訂下合約的話，我們每天都運固定的油，我想他們也會給我們打折扣，而且打折扣的事情也不會讓外人知曉。這樣做的話，別的公司就無法在運價競爭中獲得高額的利潤，我們就能夠控制石油產業了。」

於是洛克斐勒聽了弗拉格勒的建議，將鐵路霸主之一的凡德畢特加入自己的合作之列，最後雙方達成一個協議：洛克斐勒以每天訂六十輛車的條件換取每桶七分的利潤。運費是很低的，這樣售價就向下調了一部分，因為價格比其他家的便宜，所以銷路十分的好。這樣使洛克斐勒的石油銷量飛速發展，毫無疑問，最後成為了海內外知名的「石油大王」。

面對這樣強大的競爭，洛克斐勒顯然是明智的，他把鐵路方面的公司拉入自己的合作列，也正是他將這一方納入夥伴，才會有壟斷石油界的奇蹟。

在猶太人的合作觀念裡，只要對自己的企業有好處，他們往往不會介意多少人合作，只要是旗鼓相當的企業，都可以作為合作夥伴。他們善於吸收別的企業中的長處，來彌補自己的短處，因此僅建立了一層牢固的合作關係。

也許有的企業會認為，拉協力廠商入夥會分掉企業裡的一部分利潤。這只是狹隘的看法。拉協力廠商入夥，分掉了很多的利潤，但是協力廠商進入後也會創造很多的利潤。也許在協力廠商沒有進入以前，企業的利潤並沒有什麼太大的波動，但是當協力廠商進入後，企業的利潤會突飛猛進，在分給協力廠商的分紅以後，所剩下的利潤依舊比以前的要多，那就是協力廠商帶來的好處。不僅自己的企業，協力廠商的利潤也會隨之增加。所以說，合作是企業與企業之間互惠互利的過程。

只有人多了，才會有穩定的根基。合作，就是幫我們穩定未穩定的局勢，助我們完成未完成的程序，解決我們沒有能力解決的事情。這也是合作的真諦。

在職場上的奮鬥，不亞於古代戰場的戰爭，也是講究策略的。三國時期，劉備能夠與孫權合作，共同抗曹，才有了不被吞噬的命運。職場也是如此，我們要講究合作，這樣面對強敵時才能夠有把握勝出，保住自己的公司。

猶太人非常重視合作，他們覺得找到了合作的另一半，那麼自己的事業就成功了一半。因為他們認為，合作不僅可以揚長避短，更是降低了投資風險，同時也擴張了自己的實力。綜合衡量下來，就會發現合作的「利」遠遠的超出了「弊」。既然合作有這樣的好處，那為什麼不合作呢？

成功的關鍵在於合作，一個懂得合作的人，他的事業之路也將會走得很順暢。

財富箴言：

在創業的道路上，不可能會走得平平穩穩，難免會有一些碰撞，我們所恐懼的並不是那些挫折，而是那些越過挫折的方法。有時候孤單的面對這些挫折，會使自己的內心恐慌，這種時候，我們缺少的就是一個可以一起承擔責任的夥伴。同樣的重力，兩個人承擔總要比一個人好，所以在商業中，合作是一項很重要的方法。

樂於幫助他人的猶太人

愛迪生曾經說：「人生最美麗的補償之一就是自己真誠的幫助了別人之後，別人也真誠的幫助了自己。」人生漫長，沒有誰不會遇到困難。當你看到別人有困難時，就應該想一想，以後自己會不會遇到這樣的困難，若是遇到會怎麼辦？所以，要在力所能及的時候幫助別人。

愛心是會傳遞的，當你做出一件好的事情，也會給別人留下好的印象，同時也會給別人樹立榜樣，若是再有人遇到困難，這個受過你幫助的就會對這個有困難的人伸出援手，同時也會為他幫助的人樹立榜樣。若是這個被幫助的人在遇到有困難的人，同樣也會伸出援手，這就是傳遞的作用。我們幫助別人，也會將自己良好的素養傳遞出去，當自己需要幫助的時候，就會有許多人向你伸出援手。

猶太人就是一個喜歡幫助別人的民族。他們有這樣一句名言：「幫助別人就是幫助自己。」他們在別人遇到困難時，會盡可能的幫助別人，因為他們不確定自己一定不會遇到困難，也不會認為自己過於偉大，能夠自己解決困難。所以，他們想要盡可能的將社會完美化，這樣就可以在自己遇到困難時請求援助，而別人也同樣會幫助自己。

在美國，有一個猶太人開了一家鞋廠，這個工廠以生產鞋來維持經營。這個工廠的廠長很熱心，非常喜歡幫助別人，他對每一個人都投入百分之百的熱情，所以猶太廠長的人緣非常好，很多批發商都喜歡來他這裡批發鞋。

有一天，一個批發商來到廠裡，批發了一百雙白色的運動鞋，但是市場上已經有很多人都賣這種鞋，所以這個批發商的銷量不好，於是他就找這個猶太廠長商量應對辦法。這個猶太廠長聽了批發商的話，立即就決定調貨給他。批發商覺得很不好意思，他覺得只讓這個猶太廠長受損失似乎也不太好，但是廠長卻說沒有關係，這件事情他會自己處理好，他只管賣鞋就好了。批發商很感謝，因此這個鞋廠贏得了很好的名譽，生意也越來越好。

但是後來發生了戰爭，國內的經濟一下變得不穩定，於是這個鞋廠倒閉了，猶太廠長心灰意冷，他走投無路想要自己了結。但就在這種時候，以前曾經受過他的幫助的人都來到了他的家裡，他們一起湊了一筆錢，幫助猶太人重新建起了鞋廠。就這樣，猶太人又重新開起了自己的鞋廠。

這個猶太人就是因為曾經幫助過別人，於是在他危機的時候，才會有人向他伸出援手，幫助別人就是幫助自己，就像是世界上的任何事情，都有著一層因果關係，幫助別人是我們種下的因，而在我們需要幫助的時候，別人也會援助我們，這就是我們收穫的果。有因才有果，若是我們沒有幫助別人，又怎麼會得到別人的幫助呢？

在美國波士頓有一座紀念碑，這座紀念碑就是紀念被屠殺的猶太人，那座碑上刻著一首詩，是一個叫馬丁的猶太神父寫的悔恨詩：「起初他們追殺共產主義者的時候，我不是共產主義者，所以我沒有說話；當他們追殺猶太人的時候，我沒有說話；當他們追殺公會成員的時候，我依然沒有說話；最後他們奔我而來的時候，再也沒有人站起來為我說話了。」這就鮮明的表示出馬丁對自己沒有幫助別人的懊惱，也許他說一句話，就不會造成這樣的結局了。

幫助別人，並不是要求別人有多大的回報，只是想改良社會風氣，這樣每一個人都會有幫助別人的品德，那這個社會就會變得越來越清明。當我們遇到困難時，別人也會鼎力相助。

財富箴言：

我們身在社會之中，沒有一個人是永遠都沒有挫折的，當我們遇到困難時，也許會有人幫助我們。當我們接受別人的幫助時，就要思考，他不求回報的幫助了我，我要怎樣報答他呢？當然，最好的報答方法就是繼續幫助別人，將這樂於助人的精神傳遞下去，這樣既回報了社會，也回報了幫助你的人。幫助他人就是幫助自己，盡心幫助別人，當你遇到困難時，才會度過難關。

猶太人的財富密碼之十一：以待己之心待人

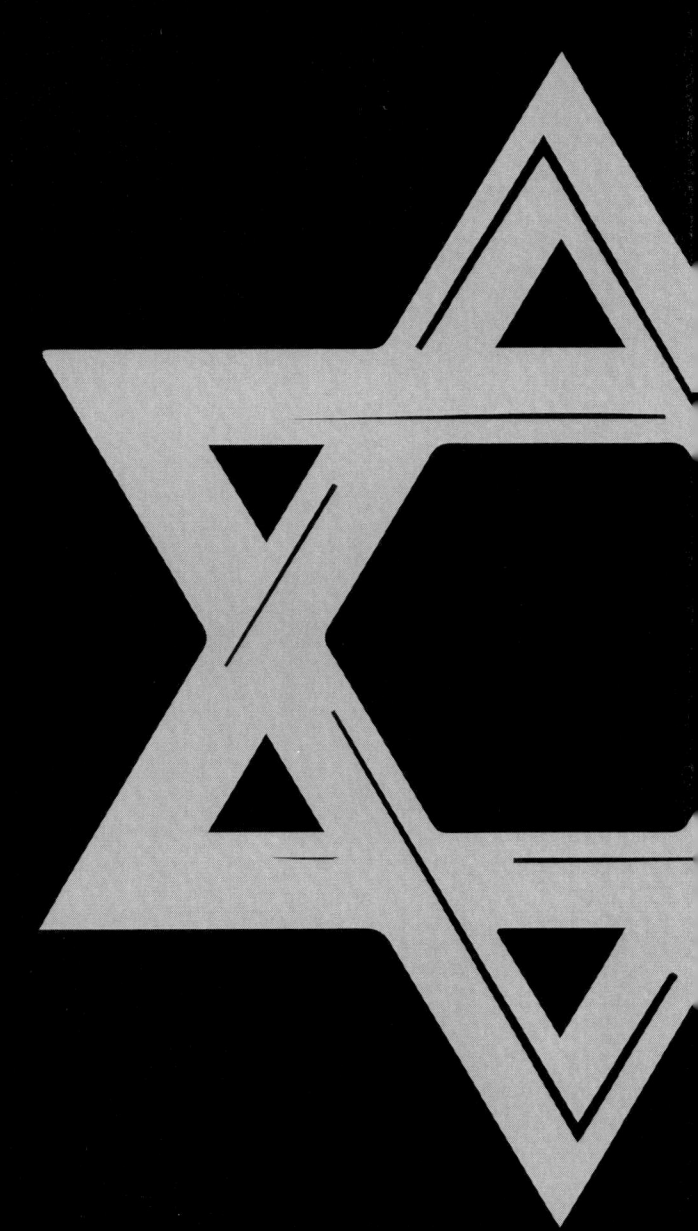

把慈善當做義務的巴菲特

猶太人賺錢有術，舉世聞名，擁有數不勝數的財富，取得如此高的成就和他們的宗教教育分割不開。

猶太人的宗教觀念裡，上帝是唯一的神，是世人的楷模，他和猶太人簽訂的合約是拯救猶太民族靈魂的憲章，猶太人應當一絲不苟的遵循上帝的教誨。這些觀念塑造出了猶太人堅忍不拔的民族特性，以致千年不亡，行善也是遵守與上帝的合約，這種傳統也將流傳千古。

猶太教的教義是猶太人生活的規範，它是上帝對猶太人制定的行為準則，世間的人們必須遵守，它教給人們生存和生活的智慧，確立了猶太的財富觀和慈善觀。做公益是不只是上帝的工作，也是他的子民該盡的義務。

猶太教義裡要求富人把財產的十分之一用於慈善，來幫助他人。許多猶太富人都尊重教義，熱衷慈善，大名鼎鼎的股神巴菲特，就把慈善事業進行得轟轟烈烈，捐出去的財產之多，一般人窮盡一生也無法擁有其萬分之一。

股神巴菲特的生活特別節儉，可以說是一毛不拔，住的房子還是六十年前的，在二〇〇六年六月的時候，他卻宣布將捐獻出自己百分之八十三的財富用來慈善，這是世界上最多的一項捐款，約合三百七十億美元，這樁史無前例的事蹟，驚爆世人眼球。

他在採訪中說到：「財富對我來說並不是最終的追求，尤其是在這個世界上還有六十億人們在忍受貧窮的時候。」

巴菲特的這種言行讓世人敬仰，他的人生已經獲得成功，他沒必要用這種行徑來提高自己的知名度，之所這樣做，和他身為一名猶太人是有關的。幼時接觸的猶太教育成為了他以後為人處世的原則，和所有猶太人一樣，他只是在遵循著猶太教義，履行自己應盡的義務。

這個社會的富人中，有為富不仁的，也有熱衷慈善的，後者為人們所喜歡和敬仰，前者為人們所厭惡和遺棄。人們仇富不只是針對富人，更是對社會不公的一種態度，慈善便是行公義，減少由財富不均帶來的社會矛盾。天之道損有餘而補不足，同樣的道理猶太人也懂，無論是出於個人還是群體，猶太人舉行慈善都受到猶太教義和民族特性的影響。有錢才有話語權，要想推行慈善，也就必須有錢，錢能結出罪惡之果，也能澆灌善良之花，對於金錢，猶太人的態度是：「滾滾金錢，本無標籤。你若行善，它便是護法；你若行惡，它便是幫兇。」

人們決定金錢性質的同時，金錢也在左右著人們的人生，為金錢所奴役的人永遠活不出美麗的人生，豁達的猶太人能把金錢當手下使喚，讓它去造福人間。

邁蒙尼德是中世紀猶太教經院哲學家，他把猶太人的慈善分為很多種層次，其中由低到高的慈善行為依次是：

一、最差的行善：在給予窮人幫助時面色不悅，行善不過是在應付上帝，心中無慈善觀念。

二、偽善：給予窮人幫助時顯得慷慨大方，實際上小氣得很，只支出自己財富很小的一部分。

三、不主動行善：等待窮人向他發出請求時，才發善心給予幫助。

四、主動的行善：把禮物親自交給需要幫助的人。

五、維護他人自尊的行善：捐獻財務時，不知道受助人是誰，而受助者知道他是誰。

六、做好事不留名：委託他人代替自己行善。

七、不著痕跡的行善：把自己的愛心捐獻出去，使之能有所作為，不讓人知道，也不問結果。

八、最好的行善：扶貧扶心，幫助一個人，使他成為和自己一樣的人，不但不需要救濟，更能去幫助他人。

公義的觀念深入人心，慈善是猶太人實行公義的一種表現，透過這方式來幫助和關心社會上的弱勢族群，這是無法推脫的義務。上帝是公平公正的，他不會使人過度富有，也不願意見到有人貧窮致死，富有的人被視為上帝在人間的代理人，推行慈善，完成自己的使命。

被救助者和救助者是平等的，互不相見的捐贈方式是猶太拉比所贊成的，這樣施者不望報，受者保全尊嚴。在《舊約》裡，還有很多關於日常生活中的慈善，例如：掉在田地裡稻穗是不能拾取的，那是上帝給窮人的福利；每次收割都要留一點在土地裡，讓窮人來收割。如此，普通人也可以行慈善，行慈善並非富人的專利。

富人有履行慈善的義務，窮人有接受慈善的權利，千百年來，猶太人不斷行善，幫助那些處於困境的人們，整個民族相互幫助，一起度過難關，民族凝聚力不斷得到加強，最終成為世界民族之林的強者，出現了繁榮昌盛的局面。

財富箴言：

善於合作的人通常具有團隊意識，團隊意識能把所有團隊成員的能力系統的結合起來，發揮出一加一大於二的作用。

沒有朋友，就像生活中沒有太陽

兩千年來大逃亡的民族歷史中，猶太人團結互助，一起熬過艱難的歲月，鑄就了猶太人善於合作的精神，良好的人際關係是猶太人所重視和發展的。

朋友是猶太人人生中不可缺少的一部分，無論是在生意上還是在生活上，朋友都是一筆寶貴的財富。猶太人的興起和成功和他們重視朋友也有莫大的關係。在猶太人的觀念裡，朋友遠比金錢重要，朋友能幫你分享快樂和悲傷，朋友的支持和理解是人生路上最使人懷念的安慰。能得到朋友的信任在猶太人看來是一件很榮耀的事，朋友已經成了組成生命的一個基本元素，沒有朋友就像生活中沒有太陽。

對友情的需求和重視，讓猶太人之間的友情牢不可破，一位能夠分享心底祕密的朋友勝過世上所有的讚美。與朋友一起生活和工作會有很多樂趣，真正的朋友能夠相互寬容，相互學習，共同進步。《塔木德》中說道：「入香水鋪，不資一物，久而不覺自香。」這和「近朱者赤近墨者黑」的觀點很相似，在擇友方面，猶太人是很謹慎的，他們會把朋友和客戶分得很清楚，朋友是一輩子的財富，朋友之間是不求回報，客戶只是生意上的夥伴，都是求利而來的，兩者之間要區別對待。

朋友多了起來，猶太人也會把朋友分成幾種，最重要的朋友是生命中的麵包，必不可少；其次的朋友是生命中的鮮花和水果，修飾生活；最次的一種朋友是酒肉朋友，不可共患難，在生命裡可有可無。

關於朋友，猶太人中流傳著這樣的一則故事：

有一位富翁有十個兒子，他曾經承諾過把財產平均分配給每個兒子，每個兒子將得到一百金幣的遺產。

只是經過一段時間後，這位富翁的財產只有九百五十金幣了，在他將死之時，他對自己的兒子們說：「現在你們之中有九個人可以得到原來承諾過的遺產，只有一位將得到五十金幣，還要安排我的後事和招呼我的朋友，由你們自己來選擇。」

九個兒子各領一百金幣走了，唯有小兒子選擇了安葬老父親和招呼父親的朋友。

小兒子安葬父親後只有二十金幣了，按照父親的遺言，他又款待了父親的十位朋友。

這十位朋友在小兒子家吃完了一頓充滿情誼的豐盛晚餐，臨走時，一位朋友說：「曾經我們和你的父親親如兄弟，現在他走了，你們兄弟間只有你還掛念我們，我們會繼續做你們家的朋友，你將得到我們十個人的幫助。」

就這樣，小兒子得到十位老朋友的資助，他的財富比九兄弟加起來的還要多。

每個人是社會的一份子，是與社會不可分割的，猶太人深知朋友的重要性，在猶太人中出現的偉人們（如愛因斯坦與歐本海默），他們都擁有偉大的友誼，成就了偉大的事業，他們之間的合作與競爭，共同推動了社會的進步。

生意場上，友誼也是合作的保證，良好的合作達到共贏，成功的生意得到財富。友誼是建立在交易之前的，這就是說，擁有的友誼忠誠度的高低關係到你最後在交易中獲得多少報酬。友誼生存的土壤是需要朋友直接相互澆灌的，一段難忘友情是雙方共同努力的結果。猶太人認為擁有成功的友誼是可以改變人生軌跡的，而不僅僅是增加物質上的收入。

在生活中盡量多交朋友，選擇朋友時，不要因為對方的身分和地位的高低而趨炎附勢或瞧不起對方，朋友不是用來利用的，真正的朋友的價值是不可用金錢來估量的。構建良好的友誼有助於事業的發展，友人支持和幫助是成功的階梯，良好的人際關係將為你打開局面、創造財富。

財富箴言：

習慣計劃的人，方能適應殘酷的環境，堅強的不被擊垮。要做計畫制定者，並努力去執行計畫。

愛人如愛己的猶太人

在猶太教的倫理中，「上帝」是最高信仰，道德卻是信仰的根本。他們很重視人與人之間的關係，所以他們會盡量維持著與別人之間的關係。猶太人認為朋友是生活的一部分，若是沒有了朋友，生活也會變得索然無味。他們愛自己的朋友，就像愛自己一樣，盡心盡力。

猶太人認為，只要肯付出就會有相應的回報，對人也是如此，只要你用一顆虔誠的心去愛別人，那麼別人也會愛你，這就是猶太教中提出的「愛人如己」的思想。

猶太人的仁愛之心，主要展現在兩個方面：一方面是展現在人與人之間，另一方面則是展現在人與社會之間。

在人與人的方面，猶太人面對別人，總會懷有很謙虛的態度，他們不會侮辱別人，也不會抱怨別人，面對一切的問題，他們首先會檢討自己，同時也會寬恕別人。他們時刻牢記著要對別人寬容、對別人友愛的思想。

有一次，一個猶太人要召開一個小會議，於是他就邀請了六個猶太人前來開會，共同商議一件事情。但是等到開會的那一天，卻來了七個人。

這個人知道自己邀請了六個人，但是卻不知道自己邀請的那六個人都是誰，毫無疑問，肯定有一個人是不請自來的。在無計可施的情況下，這個猶太人惱怒的大聲說：「我只邀請了六個人，那麼有一個人是不請自來的，現在請沒有受到邀請的人出去。」所有的人沉默了一會，有一個人站起來走了出去。這個人的名望非常的高，他肯定是受到邀請中的一個，但是他卻代替了那個不速之客走了出去。

因為有七個人來到了這裡，但是只有六個人是受邀請的，而那個沒有收到邀請的人若是此時承認，就等於是說自己沒有資格，是一件多麼難看的事情。這位有名望的人正是懷著一顆仁愛之心，幫別人遮掩了為難的事情。

猶太人對待別人很真誠，是因為他們有一個仁愛之心，他們認為在人與人之間，只有真誠的交往才會取得真誠的回報。猶太人眼中的友誼，就是要互相尊重，互相寬容，他們認為朋友是社交的根基，他們對朋友很真誠，朋友也會對他們很真誠，而他們的根基就會越來越牢固。

這就是猶太人之間的友愛。

猶太人的仁愛還展現在人與社會之間。猶太人認為對社會仁愛，社會就會回報他們，所以他們不會吝嗇自己的錢財，喜歡成立基金會，喜歡救助社會上需要幫助的人。就像很多猶太人，他們不會將自己的財產留給子女，而是全部捐了出去，他們認為子女可以靠自己的雙手養活自己，但是社會中的很多人都沒有能力養活自己、養活家庭，所以他們會用自己的錢財向社會奉獻自己的愛心。

向社會奉獻了自己的愛心，社會也會回報給這些獻愛心的人。他們的名望會因此提高，同時也會鼓舞更多的人將自己的愛心奉獻給社會。這就是人與社會之間的仁愛。

力的作用是相互的，用多大的力拍打物體就會反彈回多大的力。人與人之間也是如此，用多少的愛心去奉獻，就會收回多少的愛心。「愛人如愛己」正是展現了這種人與人之間團結友愛的關係。愛人不只是一種感情，也需要用我們的實際行動來展現。

財富箴言：

朋友是我們生活中重要的一部分，是我們通向外界的一座橋梁。若是想走出自己狹隘的空間，去感受外面廣闊的天地，那就需要將自己的橋梁建得足夠長並且足夠的堅固。怎樣建立自己的堅固橋梁呢？那就需要我們投入自己十二分的感情去對待自己的朋友，朋友也會真心的對待我們。我們與朋友之間真誠的友誼就會成為橋梁下的堅固支柱，並一直支撐著我們通向外面廣闊的天地。

大多數猶太人不嫌貧愛富

猶太人對金錢有很強烈的意識，並不代表他們看不起窮人。恰恰相反，猶太人不會看重貧富關係，即使是窮人，他們也不會因此而嫌棄你。在猶太人的眼中，即使是一個乞丐，他們也會尊重他，因為他們認為乞丐也是一種正當的職業。

在猶太人居住的地區，幾乎都會有幾個乞丐出沒，這些乞丐就被稱為「修諾雷爾」。當地的猶太人從來不會歧視這些乞丐。在猶太人的宗教中，乞丐就是獲得了神的允許來向他們索要食物的人，他們很尊重這些乞丐。

曾經有這樣一個故事：

有一個猶太人，他繼承了一筆財富。他是一個很虔誠的猶太教徒，每次都在安息日前夜，就將安息日所有的事物都準備好。

有一次，這個猶太人急著要辦事情，所以他在安息日前必須要離開家一段時間。在回家的路上，他碰見一個窮人，向他索要食物和金錢。這個猶太人非常的生氣，他就開始斥責窮人：「你為什麼不提前將安息日的物品買好呢？非要等到這最後一刻，我想你並不是想要過安息日，只是想騙取錢財吧？我才不會給你錢呢！」

這個猶太人很氣憤的回家了，到家後他將整件事情向妻子說了一遍，妻子聽後對他說：「你的做法是錯誤的，你這一生當中，並沒有體會過窮人的生活，也不會知道他們心裡是什麼滋味，而我就是在窮人家長大的，我現在還記得，當時我的父親為了安息日，曾經在漆黑的夜晚出去尋找食物，哪怕只是要回一點乾麵包。所以，你對那個窮人有罪過。」

這個猶太人聽到這一席話，很受感觸，就連忙趕路到街上尋找那個向他索要食物和金錢的窮人。當他找到那個窮人時，他仍舊在四處索要食物。這個猶太人給了這個窮人安息日所需要的食物，並請他原諒自己。

猶太人對於貧窮的人，不會看不起他們。他們尊重窮人，認為尊重別人也是尊重自己。

猶太人尊重窮人也是有原因的。在猶太人生活的區域，窮人只是在物質方面貧窮而已，他們並不是不讀書。在猶太人中，「修諾雷爾」是非常喜歡讀書的，他們當中還有很多人通曉《猶太法典》，他們也經常會去教堂做禮拜，並且參加一些討論活動。

猶太人很尊重知識，他們對有知識的人都會表現出由心而生的尊敬，即使是窮人，只要他們有知識，就會受到別人的尊重。在猶太人中，有著這樣一句話：「不要看不起窮人，因為有很多窮人是非常有學問的；不要輕視窮人，他們的襯衫裡面埋藏著智慧的珍珠。」這充分的展現出猶太人對知識的熱愛以及對窮人的尊重。

猶太人想要自己生活得快樂，這不僅僅是指物質上的快樂，而是指精神上的快樂。他們認為有錢不一定就會得到快樂，貧窮不一定就會過得不快樂，有時候窮人會過得比富人更快樂。他們追求這種真實的快樂，對窮人的快樂也會感到很羨慕，他們尊重這種快樂，同樣也會尊重窮人。

人生來平等，真正做到這種平等觀念的人又有幾個呢？一個國家，一個民族，只要人民間有一點不和睦，就會變得四分五裂。猶太人恰好認清了這一點，他們不論財富多少，不管身分如何，只要團結起來，就會一致對外，這樣才會令整個民族富強起來。他們的團結友愛是最大的智慧。

財富箴言：

想當一個成功商人，就要學會如何待人接物，更要懂得尊重他人。當你尊重別人時，別人也會尊重你，這樣就會樹立自己的形象，很多合作商就喜歡與你合作，這也是一個雙贏的境界。人與人之間是平等的，如果你是富人，不要因為自己很富有就看不起別人；如果你是窮人，也不要因為自己沒有錢財而自卑，錢財沒有了可以再賺，但是我們若是沒有了尊嚴，就再也找不回來了。

猶太人的財富密碼之十二：知識是永遠的財富

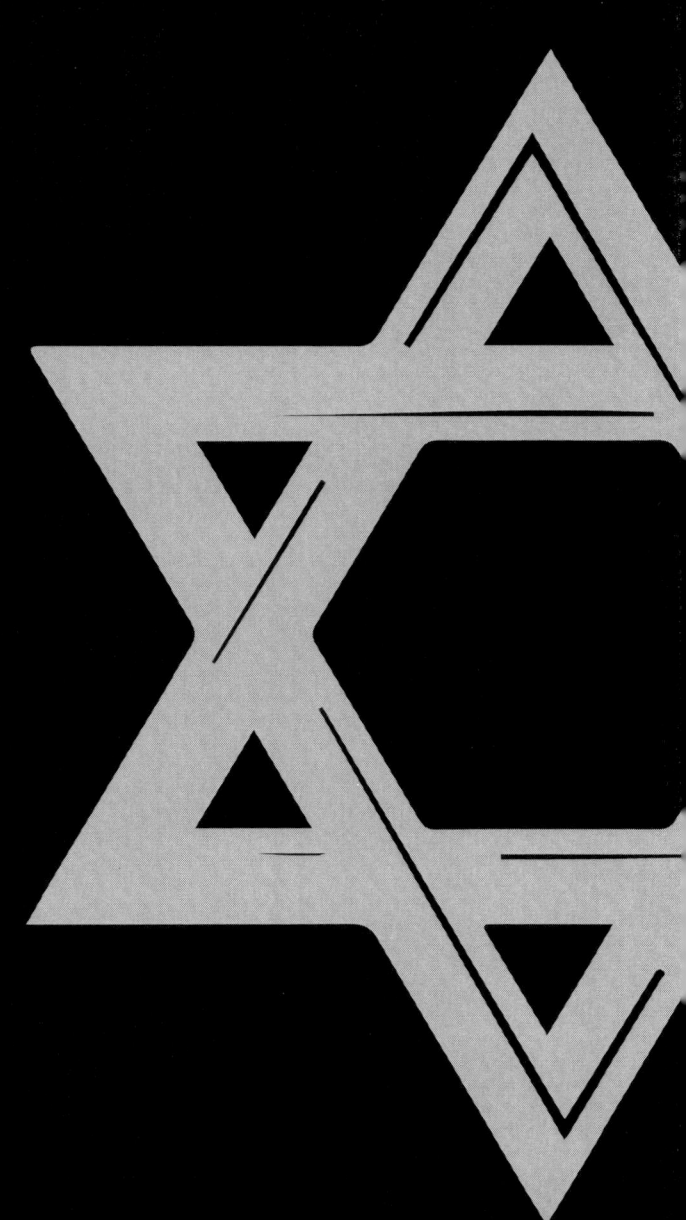

重視讀書的猶太人

我們或許常常聽人們提及，猶太人不僅精明能幹而且還很富有，但我們大部分都不明白，這個漂泊了兩千多年的弱小民族是透過什麼方式生存和繁衍後代的，也許在讀了《猶太人智慧經典》後，我們會打從心底佩服這個民族。

幾乎每個猶太人都把教育當做終身發展的要義，為此他們對書有著剪不斷的情愫。在古代，猶太人往往能將一本書翻到殘破不堪也捨不得丟掉，一本書往往到了再也看不清上面的字跡了，他們才和家人一起到外面，像埋葬一個聖人一樣，虔誠而又惶恐的將書埋掉，猶太人對書的敬畏可見一般。猶太人認為一個人的生命可以完結，但是讀書不能停止。猶太人敬書，自然也要敬教書之人，在猶太人眼中，教師是聖潔的、絕對不能褻瀆的。

猶太人很注重營造一個良好的讀書氛圍。大到一座城市，公共場所，小到餐廳、超市，隨處就能找到書店，隨處也能看到一絲不苟正在讀書的猶太人。以色列每年都會隆重舉辦國際性圖書展覽會，每年的春季還要舉辦「希伯來圖書週」等諸多活動，大力推動了讀書的發展。由此可見，讀書氛圍的營造是非常重要的，心中有了強烈的讀書願望，也有了很好的讀書環境，加上政府的大力支持和宣傳，才能讓讀書振興民族大業有著無限廣闊的前景。在猶太人看來，只要有一顆想學習的心，即使你到了垂暮之年也不會晚。猶太人酷愛讀書，一定會給自己制定一套合理的學習方法。

猶太人從來不讀不能提升自己的書，在他們看來，讀一些低級趣味的書簡直就是在浪費生命。他們讀書講究實用性，目的就是為了賺更多的錢，從而能更好的生活。這對我們很有啟發意義，行業的不同、興趣的不同、價值觀的不同就決定了所讀的書會不一樣。因此，我們要像猶太人一樣去愛書，有選擇的讀書，讀能讓自己賺錢的書，同時也要讀一些修身養性的書，一次次提高自己的素養，不僅要讓自己變得有智慧，而且還要幽默、風度翩翩。

在每個猶太人的家庭中都會有一個書架，書架上會擺滿各種圖書。珍愛書籍已經成為猶太家庭的一大特點，即便是那些有強烈宗教信仰的家庭同樣如此。

猶太人在工作後獲取一些錢財和食物的時候，要做一次禱告：人們透過這些言語來感謝上帝創造出這些不完善和擁有眾多需求的人。這些禱告讓猶太人深深的意識到，幫助一個人克服他身上的缺點，是一種值得推崇和能贏得別人尊敬的生活方式。當你實現了一個顧客或老闆的願望的時候，無論你是一個有智慧的拉比還是一個虔誠的教徒，獲取報酬是天經地義的事情，因為這些報酬是你滿足別人願望的最好證明。

在以色列，有一個富翁的兒子對讀書沒有絲毫的興趣，最後他的父親只好放棄，只教了他《創世紀》這一本書。

的監獄裡。

後來，侵略者攻打他們居住的城市時，俘虜了這個男孩，並且將他囚禁在一個很遠的監獄裡。

幾年以後，國王來到了這個城市視察，走到了男孩被囚禁的那座監獄。視察的時候，國王想要看看監獄中的藏書，結果發現了《創世紀》這本書。

「這很可能是本猶太人的書，」國王說，「這裡有人會讀這本書嗎？」

「有！」監獄官回答道，「我這就帶一個人來見您。」

男孩被監獄官從監獄中提了出來，說：「如果這次你不能讀這本書，國王就會將你的腦袋砍掉。」

「父親只教我讀過這一本書。」男孩回答道。

他被帶到了國王的面前。

國王將那本書拿給男孩，他便大聲的朗讀起來。

國王聽完後：「這顯然是上帝讓我打開囚禁他的監獄，將這孩子送到他父親身邊。」

於是，國王將一些金銀送給男孩，並安排兩名士兵護送他回到父親的身邊。

猶太人認為即使是傾家蕩產，能讓女兒嫁給一個有學問的人也是值得的；為了能娶到有學問的女兒為妻，縱然是變賣所有的家當也毫不可惜。可見，猶太人之所以能成為全世界都佩服的最會做生意的民族，最大的祕訣就是他們酷愛讀書。猶太人作為一個以流浪為生活的弱小民族，擁有的最大財富其實就是知識。正如《塔木德》所言：「那些循規蹈矩的人突然放棄了學習，去宣揚樹木或休耕的土地有多麼美，實際上是放棄了他的生活。這意味著過分敏感於外部世界會使人陷入歧途。」

再用一個故事說明猶太人對讀書的重視程度。

一位美國婦女因為家中很多書籍把家弄得亂七八糟，這讓她心煩意亂，於是決定將所有的書當廢品賣掉，讓自己用一個乾淨、整潔的房間。也就在這個時候，一個熱烈追求她女兒的猶太青年第一次到她家中做客。她們熱情的將猶太青年迎進乾淨而明亮的家中，並十分殷勤的端茶倒水。當女兒出嫁後，女婿在岳母閒聊時說，他在第一次到她家做客時，竟然沒看到一本書的影子，當時差點就轉身離去，他的第一個感覺就是，擔心和這個不愛讀書的家庭沒有共同的語言。

由此就能看出，書已和一部分猶太人融成了一體，書已經成了猶太人生命中不可或缺的精神糧食了。

財富箴言：

猶太商人認為，一個人想要賺到更多的錢，最該考慮的是如何合理的利用好時間，而不是單單考慮是否有足夠的運作資金。有的人總認為自己還有很多時間，而有的人則感到自己的時間越來越少。對於每個人來說，上帝給每個人的時間是等長的，就看你如何利用了。而猶太人深諳此道理，所以他們能很好的把握住時間，致力於經商。那些會賺錢的人，往往是一些善於安排時間、惜時如金的人。

教育是猶太人邁向成功的第一步

猶太人是非常優秀和完美的民族，諾貝爾各類獎項的獲得者猶太人就占了百分之三十，可見猶太人的智慧發展到了登峰造極的地步。

那麼猶太民族是怎麼做到如此完美的境地呢？原因很簡單，因為這個民族很注重學習，在他們自己孩子只有一歲的時候，就開始對他們進行一系列的記憶訓練。

猶太人對兒童的教育方式完全不同於其他民族。很多民族對孩子的教育只是注重眼前，比如日本的教育就是為了能通過眼前的考試，而猶太人對孩子的教育則是從長遠打算。也可以這麼說，猶太教育的最終目的是培養能夠振興整個猶太民族的下一代。

猶太人在他們的孩子剛能咿咿呀呀張口學說話的時候，就開始逐字逐句的教孩子閱讀《舊約》。在猶太人眼中，一味擔心孩子聽不懂，只是父母一種不應該的過分溺愛。

為了能讓孩子打下一個良好的基礎，猶太人著重訓練孩子記憶，因此，猶太兒童在一歲時就開始接受記憶的訓練了；長到三四歲的時候，他們就已經在學校上學了。當每個孩子走進教室的時候，都會得到很多讚美和熱烈的掌聲，這讓他們感覺到讀書是一件非常有趣的事情。也許在他們小心翼翼的翻開書本時，會發現有一顆糖果，這麼做的目的就是讓他們知道：讀書不是一件酸澀的事情。

猶太人認為孩子越早接受教育，對孩子未來的發展越有利，所以猶太孩子在四歲的時候就具備了獨立思考的能力。那時候，大人會把孩子叫到身邊，鄭重的告訴他們這個世界上不存在所謂的正確答案，不要被一個想法局限住，因為還有很多其他的思維可以用來思考同一件事情。與此同時，記憶的訓練仍然在繼續，孩子在五到六歲的時候要能將《舊約》全部背誦下來，《舊約》是一本卷帙浩繁的大部頭經典，能全部記誦下來，已經很不容易了。

以色列最不缺乏的就是各類頂級人才，教育的未來就是一個國家騰飛的希望，所以在這裡，最有吸引力的職業非教師莫屬了。以色列大學教授的待遇不低，平均年薪高達六萬美元，加上一些福利和獎金，能達到七萬美元，遠遠超過了部長的年薪。但和一些歐美國家的大學教授十幾萬甚至更多的年薪相比起來，就顯得微不足道了，結果造成了大量優秀的人才外流，迄今已有大約六千人在國外大學擔任教授。

記者曾多次目睹以色列各行各業的人們為了提高待遇而集體罷工，其中若是遇到交通、鐵路、等重要部門罷工，政府往往很快就答應調薪。而學校師生停課遊行要求調薪的時候，最長曾持續三個月的時間。教師停課雖然嚴重影響了學生的利益，但人們對這種行為理解成「為國家的未來而停課」，因而得到了學生和社會的回應並極力支持，最終教師的薪水罕見的翻倍成長。

所有的猶太人都信奉愛因斯坦的名言：「想像力比知識更重要，因為知識是有限的，而想像力概括著世界上的一切，推動著進步，是知識進化的源泉。」

一九九二年，無數猶太後裔回到他們的祖國以色列，薩拉就是眾多猶太後裔中的一個。回到祖輩曾生活過的家鄉，薩拉有一種新奇的感覺，她眼中每個人都顯得那麼可愛、親切。

第二天，熱心的鄰居就親自上門傳授猶太人的教育方法：「賺錢要從孩子開始。」她的三個孩子很快接受了這一個獨特的思維，幫母親做了大量的麵包，拿到學校去賣。這不僅沒影響到孩子們的成績，反而激發了他們更多的思考力。老師讓學生思考這樣一個問題，在逃難的過程中什麼最有幫助？答案不是「金錢」而是「教育」，因為一切都可能會失去，但教育不會被奪走，它能帶來無限的知識和智慧。學生們會永遠銘記老師的話：「如果你想成為一個大富豪，就要把學習這件事情做到極致，它們在將來會發揮出作用的。」

很多猶太人在教育孩子的時候，往往會告訴他們一生必須要做的三件事情：去做自己感興趣的事、多到其他地方歷練、有優秀的後代。這看似簡單的話卻蘊藏著真理：除了能讓自己有一個更好的發展，民族也會因此日益變得強大起來。

閱讀雖然不能改變自己的家庭和出身，卻能改變人生的歷程。閱讀的目的既簡單又純粹，就是為了使自己的生命變得豐盈和充實，使靈魂變得更加沉靜和一塵不染。

財富箴言：

商場就是戰場。當大機會出現的同時，往往能帶來新的契機。能否及時抓住這一契機，取決於一個人是否有一個極其冷靜的思考和心態。因此猶太商人的經商的箴言是：「必須要有耐心去仔細分析事情的始末，然後靜觀其變，先不要讓自己深陷競爭的漩渦，這樣才能冷靜下來，抓住最好的機會，實現自己的目標。」

刻苦學習的猶太學者西勒爾

很多民族都認為一些官員、軍人或富商的地位遠遠超過了學者的地位，但是，猶太人的想法卻與之截然不同，甚至是背道而馳的。他們認為學者是智慧的化身，是完美無缺、無與倫比的，學者的地位要遠遠高於國王。

在以色列，一些有知識有智慧的人，不僅備受人們的崇敬，而且還擁有很高的聲望。在古代猶太社會裡，一個人若是精通猶太法典，那麼，他就不用繳納部分稅收，因為大家一致認為他們已經付出了很多的智慧，對這個社會做出了偉大的貢獻，所以不但不用繳納稅收，而且還用全部的社會力量去幫助他們。

在猶太人看來，有時候老師遠比父親還重要。假如父親和老師同時身陷囹圄，而且僅能救一個人出來時，孩子就會力保老師，因為他們認為社會不能失去一個傳授知識的人。

日後，當學者的名望從宗教領域轉向世俗的領域時，高學歷便成了猶太學生追求的目標。對每個猶太家庭來說，家中的孩子若是有一個或幾個擁有高學歷，那是一件引以為傲的事情。

下面這個故事就能充分展現出猶太人對讀書的態度。

流芳百世的西勒爾在年輕的時候，心中有一個很大的理想，就是能夠靜心研究《猶太教則》。可遺憾的是，他不僅沒有多少閒暇的日子，更沒有多餘的錢支持他這麼做，他這才發現，願望在現實生活面前，永遠顯得那麼蒼白無力。

思考了很長時間後，他終於發現了一個有機會達成願望的方法，那就是拚命工作，把所得的錢留一半生活，一半給學校的警衛。當他把錢遞給警衛的時候，說：「錢可以給您，但是請讓我進學校，我想知道這些有智慧的人究竟在講什麼。」

一連幾天，西勒爾就是用這樣的辦法和學生一起聽課，可是他賺的錢實在是杯水車薪，根本支持不了多久，最後他連買麵包的錢都沒了。這時候，讓他感受到的痛苦不是胃在痙攣，而是警衛義正言辭的將他擋在校門外，堅決不讓他踏進校門一步。

正當他一籌莫展不知道該如何是好的時候，他又想出一個辦法，那就是沿著學校牆壁爬上去，然後趴在天窗上，這樣不僅能看到教室上課的情形，也能聽到老師講課的聲音。

當夜，大雪紛飛，寒風刺骨。當第二天一切都平靜下來的時候，大地已經蓋上了一層厚厚的雪。學生們在雪地上留下了一長串歪歪斜斜的腳印到學校上課的時候，卻發現教室外面陽光刺眼，可是教室裡面卻什麼也看不見。學生們感到很奇怪，為什麼那麼黑。原來，西勒爾趴在天窗上，身體已經被大雪掩蓋住了，他被凍得昏了過去，他在天窗上趴了整整一夜。

從此以後，當有人抱怨自己的貧窮和沒有時間去求學的時候，人們就會問他：「你難道比西勒爾還窮嗎？你難道還沒有他有時間嗎？」

只要還活著，只要身體的血液還未凝固，只要還能呼吸，猶太人絕對不會停下學習的腳步。因為在猶太人看來，學習已經成為一種神聖的使命了。猶太人認為到天國見上帝之前，必須要有豐富的學識和智慧才能無愧於上帝。對學問的追求是沒有盡頭的，猶太人一向認為肯學習的人必將成就一番大事業，即使到了今天，所有的猶太人仍然秉持並遵行著這種信念。

如果有人問猶太人：「人生中最重要的是什麼？」猶太人一定會毫不遲疑的回答：「智慧！」

財富箴言：

猶太人認為，打算做生意前必須制定一個較為明確的目標，在猶太人看來，目標一定不能好高騖遠，不僅要切合實際，還要有實現的可能性。在一家猶太人創建的公司大門口，拉了一條橫幅：「有自信未必會贏，但沒有自信一定會輸；有行動未必能成功，但沒有行動一定會輸。」這條標語就是想告訴員工：「只有想才會去做，想要成功才會去拼，愛拼才會贏。」

把學習當做一生的事業

「活到老學到老」，這句話出自古代雅典著名政治家梭倫之口。這句話簡單明瞭，卻又充滿真理，它是一種生命姿態，總能讓人保持謙遜並卑微；它是一種成熟，總能散發出耀眼的光芒，但不刺眼；它為人們打開一扇智慧的大門，並保持著真實不虛的本來面目。

猶太人認為，人活著，有時候除了賺錢之外，還有一件更重要的事情需要去做，那便是不斷的學習。不論何時何地，不論地位高貴還是卑賤，不論貧窮還是富有，他們永遠都不會忘記學習。

多年前陽光明媚的一天，一個額頭微微有些汗珠的基督教徒走遍大街小巷想租一輛馬車。最後，他在一處大草地上發現了很多馬車。他走近一看，馬兒悠閒的吃草，但不見車夫的蹤跡。他就問在一旁玩耍的小孩：「車夫去哪了？」小孩抬起頭眨眨眼睛告訴他說：「在車夫俱樂部讀書呢！」於是，基督教徒就在深深的小巷中七拐八拐，終於找了一家門牌上寫著「車夫俱樂部」的小屋子，他看到狹窄的屋子中，車夫們都在低頭誦讀《塔木德》。雖然他們是車夫，生活也並不富裕，但是他們一有時間就會讀書，這就是猶太人傳統信仰的真實寫照。

還有一個猶太人紐特．阿克塞波，也是將讀書奉為終身的必修課。

紐特．阿克塞波青年時代非常渴望讀書，以讓自己更加敏銳和聰慧。當他剛開始工作的時候，白天在一家磨坊，晚上就挑燈讀書。沒過多久，他就愛上了一個名叫娜．威斯里的姑娘，不久就舉行了婚禮，那一年他十八歲。此後，他再也沒有時間讀書了，他必須把全部精力都放在經營農場上，以維持一家人的生活。

多年過去了，他不再欠別人的債了，他的農場水草鮮美，牛羊膘肥體壯。但這時他已經六十五歲了，讓人感覺他已經走到墳墓的邊緣，沒有人再需要他了，他感覺自己失去了生命的意義。

他的兒子請求和他一起生活，但是紐特．阿克塞波堅決的說：「不，你們應該過獨立的生活，以後你們就搬到我的農場住吧！我把農場交由你們打理，你們每天付給我一些租金就行了。但是，我不會和你們一起住，我要搬到山上住，這樣也能看到你們。」

他在山上用木頭修建了一座小屋，便住了進去。他一個人做飯給自己的吃，自己照顧自己，有時候會去圖書館借一些書回來閱讀。白天他都用來讀書，晚上他就出來散步，長久仰望星空，直到脖子痠了，他發現了黑夜的奧妙。他看到在月光的映照下，草原變得影影綽綽、虛無縹緲，他聽到了風兒輕撫草面的沙沙聲，他望著這片沉睡的土地，張開雙臂，極力呼吸和享受。他忽然覺得，一種空虛的感覺襲上心頭，他不明白這是一種什麼感覺，為何會有這種感覺。後來，他突然明白過來了，他這是一種生命的空虛感，需要用學習來填補這無盡的空虛，於是他決定上大學，他要把所有的時間用在學習上。

為了能通過大學嚴格的考試，他積極努力的準備著。就這樣用了一年時間，他感覺自己累積的差不多了，於是買了火車票，直奔耶魯大學參加入學考試。

他的努力沒有白費，他通過了這次考試，被耶魯大學正式錄取了。他和一些足以當他孫子的學生住在一起，但是紐特．阿克塞波發現自己很難融入這些學生中。不僅因為在上課時，他那一頭白髮顯得很搶眼，還因為他來上學的目的很特別。那些學生努力學好每門功課的目的就是為了以後能賺更多錢，而他卻不是，他對一些有助於賺錢的科目並不感興趣，他的目的僅僅是為了學習而學習。他只想弄明白別人是用什麼方式生活、生命的存在意義是什麼，讓自己的餘生過得更加充實。但這還不是最重要的，重要的是，他能夠在學習中找到樂趣和快樂。

人就應該用這樣的態度去生活，把生活看成是一條漫長的、永無盡頭的、充滿岔口的道路，你只有堅持不懈的學習，堅持走下去，才不會迷失前進的方向。

財富箴言：

猶太人認為，顧客在購買商品的過程中，即便是事先沒有得到任何一點關於品質的保證，顧客也有權力要求購買的商品擁有最好的品質。在做生意的過程中，猶太人信奉「交易要講求公平」。也可以說，猶太商人是世界上最講求公平的商人。其中所謂的公平，指的就是講道理、不欺詐。

讓知識變成財富的猶太人

一個人商人若是能有博古通今的學識，這不僅能提高對生意的判斷力，而且還能在無形之中增加他的修養和風度，從而能在殘酷的商戰中立於不敗之地。由一個溫文爾雅的人和一個粗俗不堪的人分別去談一樁生意，結果不言自明，自然是前者成功機率比後者的大許多。

猶太人認為，一個沒有知識水準的人不是真正意義上的商人，既然你不是真正的商人，我就沒有和你一起合夥做生意的必要。猶太人最不願意和沒有知識的商人接觸，而猶太商人大多數知識淵博、頭腦靈活。也正因為猶太商人擁有淵博的知識，才造就了他們的高智商，從而在生意場中頻頻獲利，成為人們公認的「世界第一商人」。

《塔木德》記載了這樣一個故事：

有一次，一艘巨型客船航行在平靜的海面上。船上所有的乘客中，除了拉比外，其他的全是百萬富翁。富翁們一邊喝著茶一邊閒聊，就開始賣弄自己有多少錢。正在他們互相爭論不下的時候，拉比開口說話了：「你們吵什麼啊，在我看來你們全是窮光蛋，要數我最富有，只是我的財富現在無法拿出來。」富翁們看著拉比的穿著打扮，表示不屑一顧。

客船走到中途，突然一群殺氣騰騰的海盜從天而降，將富翁們的金銀財寶洗劫一空。等海盜們滿足的帶著戰利品離去後，這艘船好不容易行駛到一個港口停泊了下來，但是再也沒有足夠的錢繼續向前航行了。

上岸後，這位拉比因為擁有淵博的知識，很快得到了當地居民的愛戴，並請他當學校的老師。一次，拉比在街上碰到了那些同行的富翁。這時，他們已經到了窮苦潦倒的地步，只好為別人工作好賺錢養活自己，伺機東山再起。富翁們深有感觸的說：「只有知識才是別人奪不去的財富啊！」

由此就能看出，猶太人十分看重一個人是否擁有知識。一個擁有淵博知識的人，除了了解自己的商品之外，還懂得根據自己的商品分析顧客的心理，盡量滿足他們的需求，必要時，還會選擇一些適合的場合，不卑不亢的與顧客周旋，做得得體、大方、滴水不漏，並取得顧客的信任和重視。用商品把顧客的目光吸引了過來，就意味著生意成功了一半。

相反，如果是一個才智平平，且又不懂得學習的粗俗商人，他既不懂得怎麼去設置會場、營造氣氛，也不知道用什麼方法招攬顧客，更不懂得包裝自己的產品，不修邊幅、張口便是粗話，顧客也許還未進門就被嚇跑了。

猶太人阿爾伯特用他的成功佐證了知識不可忽視的力量。

阿爾伯特剛開始工作時，僅僅是一家銀行的普通業務員，他像所有有上進心的年輕人一樣，在工作了一段時間後，發現自己的各種知識和能力嚴重匱乏，於是便產生了重返大學深造的想法。阿爾伯特透過一年的學習，專業技能得到了很大的提高，為銀行拿下一筆又一筆的訂單。不久，阿爾伯特便晉升為這家銀行的分行總經理，沒過多長時間，他再次晉升成這家銀行的總行經理，不到三十歲便成了一家大型銀行的高級管理人員。

你看，阿爾伯特之所以能年少多金，就是他不斷提升自己業務能力的結果。

所以，猶太人把知識當做一筆無形的財富，認為知識是任何時候都可以隨身攜帶的東西，而且別人永遠無法奪走，所以他們十分重視教育。在猶太人看來，人一輩子要盡三大義務，第一義務就是教育好子女。他們教育子女的目的，就是為了讓後代能有一個更好的將來，壯大自己的民族力量。

猶太民族正是在這樣的宗教力量和傳統習慣的驅使下，幾乎整個民族都把學習視為一件僅次於朝拜的重大事情，更值得一提的是，不論是在流亡的年代中還是今天和平度日的時候，他們勤奮學習的傳統從未間斷過。也正是因為所有猶太人都繼承了這種民族的傳統，使他們不論流亡到哪裡，其民族的整體素養都維持在高水準。

財富箴言：

商業經營中最理性的計算就是，如何合理的達到最高效率或者投入和產出的比例問題。說到底，就是從同樣的投入中看能有多大的產出。猶太商人在經營活動中，追求的不僅僅是一個高比例的產出，而且還要計算一次或一項投入能有幾次或多次的產出。

精通語言而致富的猶太商人

語言是商人縱橫商海的利器，掌握一種或多種語言是能賺更多錢的資本，是成為世界性商人的必備素養。尤其是在現代社會中，全世界商務的互相來往越來越密切。與外國人談生意的時候，在用本國文化語言的思維思考一個問題的時候，同時也能用外國的語言文化思維推敲同樣的問題，這就意味著能從不同的角度分析得出結果，所以判斷就會更為深刻和準確。

猶太人屬於一個世界性的民族，很早就懂得語言對他們的重要性，他們認為，一個人若能多掌握一種語言，做生意的勝算就會多一分，猶太商人大部分能熟練掌握兩門以上的語言，在與外商談生意的時候，根本就不需要帶翻譯，這是猶太商人成功的一個公開祕密了。《塔木德》是猶太民族五千多年的智慧結晶，它就強調和提醒人們要重視對多種語言的運用。《塔木德》由本文和注釋兩部分組成，注釋部分除了希伯來文之外，還包括了世界各國的文字，所以這部書成了人類文化史上的瑰寶，為世界各國廣泛閱讀。

有很多商人認為，外語只是從事涉外工作者所必備的能力之一，這種觀念很主觀。語言是商人行走世界不能缺少的利器，在現代社會中，文化和科技的發展早已經不受國界的拘泥，各個國家和民族間的交流日漸密切。這種交流，最能讓猶太人進行一個準確、迅速的判斷。

跟猶太人做生意的時候，首先讓你大吃一驚的是猶太人有著異常準確而迅速的判斷。那麼，他們是如何做到的呢？原因就是他們每個人至少通曉兩國語言。比如說，在猶太人舉辦的一些商務活動中，經常談論英語的「nibbler」這個詞，它是從動詞延伸而來，變成一個名詞的。指的是在釣魚的時候，魚兒咬餌上鉤的動作。聰明的魚會非常巧妙的吃到魚鉤上的餌食，而且不被釣到，而笨的魚則會被釣住。猶太商人用能巧妙吃到餌食的魚來告誡自己，經商的時候要做一條聰明的魚。猶太人就是能將各國語言的精華運用到自己生意當中，使自己既能賺到錢又不賠本。

從事科學研究和藝術創造的猶太人，更是努力學習一門或多門語言，這樣，他們就能克服不同語言的障礙，在全人類的智慧精華中自由汲取、吸收，因而提升了自己的智慧。愛因斯坦是一個猶太人，這是眾人皆知的，他除了精通自己民族的母語之外，還精通英語，這樣他才能做到能博採眾長，成為二十世紀最偉大的科學家之一。

弗蘭克爾是一位德國猶太人，著名的音樂家和法官。在大部分人的眼中看來，法律和音樂是兩個完全不同領域的事物，弗蘭克爾卻在兩方面同時做出了驚人的成就。他在柏林做了十多年的法官，成為德國頗有影響力的人物。後來，弗蘭克爾決定到美國定居，由於他能說一口流利的英語，很快在好萊塢找到了一份為電影譜詞作曲的工作。外語不但成了他謀生的工具，還讓他在事業上獲得了成功。

猶太商人大多精通多種語言，這使他們必然成為世界性的商人。

財富箴言：

猶太人認為，商人就應該以賺錢為天職。在賺錢中立足、生存，指的就是商人天職的所在，他們認為錢是賺來的而不是靠勤儉節約存出來的。猶太富豪至少有一半都是白手起家，他們把白手起家當成一種傳統和天經地義的事情；但是，他們從不贊成靠存錢來發家致富的方法。猶太人是一個十分尊崇知識的民族，猶太商人往往能靈活用智慧做成一筆又一筆的生意。

猶太人的財富密碼之十三：做生活的智者

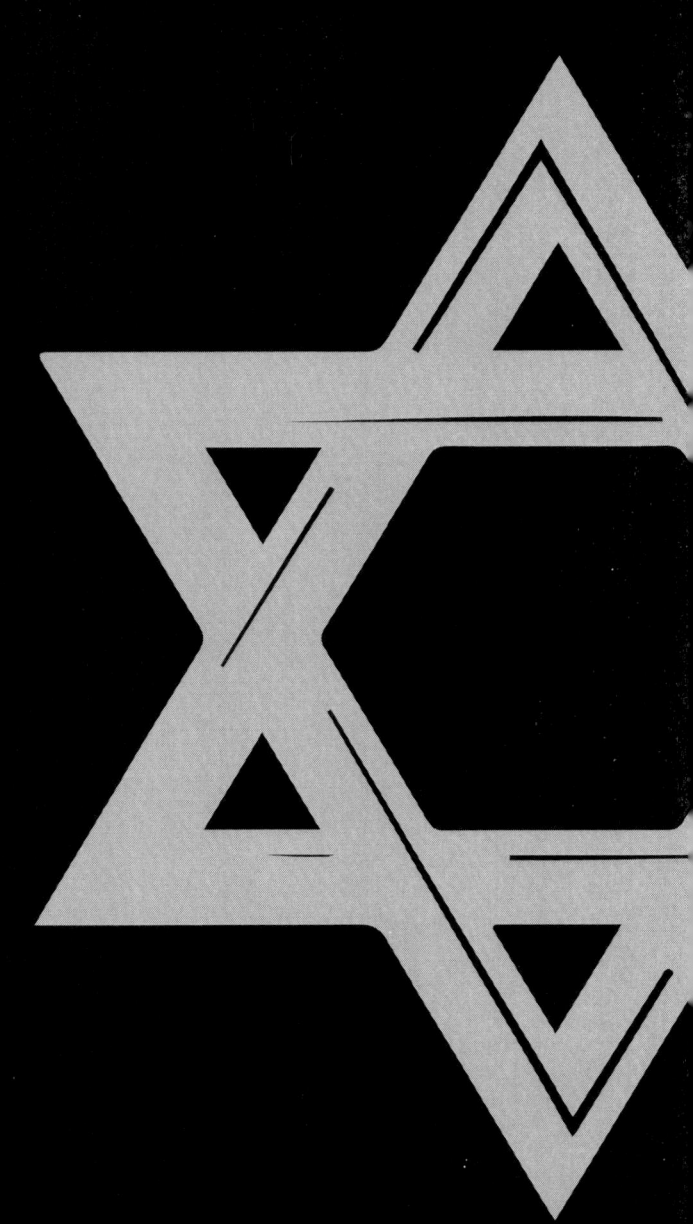

吃乃是猶太人的人生目的

每片樹葉都不相同，每個人都不一樣，自然，每個人的人生目的都不相同。如果要一個猶太人說出他的人生目的，他將用一個字來回答你，那就是：「吃」。

在猶太人看來，把吃當成人生的目的是很正常的，能痛快的吃遍天下美食才算得上人生完美。

他們工作的最根本目的也是圍繞在這個「吃」字上面，吃是生存的必要條件，也是猶太人重視養生的結果。如果不工作就沒有飯吃，所以必須工作；要想吃好就必須努力工作，如果想讓家人和更多的人吃好就要賺大錢當老闆。關於「人生的目的」這個哲學方面的終極難題，在猶太人的世界裡用一頓飯就能解決了，吃飽了、活得舒服了，人生的目的就達到了，猶太人豁達瀟脫如斯。

在猶太人的飯桌上，大家都喜歡用一種愉快的心情來分享美味，因氣氛愉悅，眾人不得在飯桌上討論一些亂七八糟、影響氣氛的事情，影響食慾的事就更不要提了。

吃飯的時候，一邊討論最近的見聞，大多數猶太人都是飽學之士，在飯桌上討論的東西都是一些娛樂大眾、增長見識的話題，真正是「往來無白丁，談笑有鴻儒」。而有些東西卻不允許在飯桌上討論，比如政治和戰爭，以及宗教迫害，這類話題常常會讓人感到沉重壓抑，打破了用餐的歡樂氛圍。

猶太人的習慣是在吃飯前把一切事端和煩惱都拋諸腦後，全心全意的投入美食當中，在這段閒暇的時間裡要用心感謝當前生活的得來不易，平心靜氣的品嘗這生活的滋味。

對於以「吃」為人生要事的猶太人而言，三餐中的晚餐最為他們所重視。在經過一天的辛苦勞作後，一家人聚在燈光下吃晚飯是值得珍惜、享受的，這樣的一頓晚飯最溫馨可貴。猶太人對於「吃」毫不吝嗇，願意把辛勤勞作所得來的錢用在吃上面。

猶太人愛錢，賺錢的目的也就是為了實現人生的目的。為了保障有東西吃，猶太人必然會去努力工作賺錢養活自己和家人，錢是必不可少的。

精明的猶太人有自己的一筆帳，他們認為與其每天操勞過度，不如少賺一點。如果一個人一天不休息，那麼這個人活得太累，將短命五年；如果這個人換一種工作方式，每天休息一小時，多活十年，此人損失的將大大減少，並且這十年的光陰是用錢買不到的。

猶太人在失去祖國、流亡世界的兩千多年中，備受凌辱，幾近滅族，腥風血雨後仍屹立不倒，以金錢為權杖，為民族的生存謀求了一方聖土，嘗試站在金字塔的頂端俯視眾生。不要輕視他們操控世界經濟和政府的能力，這樣的一個民族強大得甚至讓人嫉妒。

猶太人也炫富，只不過方式和別人不同，他們通常會選擇豪華的晚宴來展示自己的財力，為了向朋友和客人表示尊敬和友誼，他們也常常邀請朋友和客人一起共進晚餐。吃飯的地點會因為客人的不同而選擇不同的地點，有錢的猶太人更願意在高級餐廳和朋友或者客戶共餐。一頓豐盛的晚餐不單是為了享受生活，也可以表達出猶太人對生活的熱愛，更說明了猶太人是世界上最懂得享受的民族。

現代人的生活節奏很快，許多人為了賺錢而工作，每天忙得暈頭轉向，慢慢的遺忘了生活的本質，不再享受生活帶來的歡喜和感動，甚至脫離了原本的面目，成為另外一個自己，卻忘了賺錢的目的就是享受，就是為了得到更多的享受和休息。因此，工作之餘要多多休息，用心去感受生活，沒有錢一樣可以享受人生，有錢可以更好的享受人生。

財富箴言：

使人成功的因素有很多。如果你不光顧著做自己喜歡的事，能夠多做使公司成功的事，不在自己喜歡的事情上面花很多時間，那麼成功也就離你不遠了。

猶太人的生活心態

猶太種族兩千年來逃離故園，漂泊四海，他們歷經無數的磨難，飽受風霜的洗禮，仍然活躍在新世紀，縱使異族將他們驅逐，故國的牛羊將祖先的墳墓踏平，他們仍舊對生活滿懷希望，希望回到故土，再塑王國的歷史。

這樣一個充滿智慧的民族，對於苦難所能應對的是練就了一手賺錢的好技術。在流亡的路上，猶太人始終保持著回歸的希望，面對生活從未喪失信心，良好的心態幫助他們賺取更多的錢，並以此存活下來。

人為什麼活著？

猶太人給的理由是：活著是為了享受。人生在世，匆匆百年，若不享受，終日受苦，怕是難以活得長久。人生來不是為了吃盡這世間苦頭、承受不公的，而是要利用這不長的人生享受世間的樂趣。猶太人若不如此對待這悲苦的人生，哪裡還有心思去賺大錢、擁有大智慧呢？

拿得起也要放得下，從容面對生活的壓力才能把日子過得痛快。身無罣礙並非諸天神佛才能做到，學習猶太的生活態度，提高自己的生活境界，放下世間煩惱，效仿一下散仙，神遊天外，開闊胸襟。

黃昏時候的海岸線美麗非常，落日的餘輝灑在沙灘上，映出點點金光，礁石露出了海面，任潮來潮去，拍打不息，天邊雲卷雲舒，歸帆馳來，又是一天將盡。

距離沙灘不遠的礁石上，一位老翁端坐，灑脫的甩竿，靜靜的等候魚兒上鉤。一坐兩個小時，每日如此，只要時間到了便離開，無論這一天收穫多少、運氣如何，從不超時。

一位住在沙灘附近的富翁見了表示很好奇，有一天他在沙灘遇到了老翁便問道：「我每天見你在這釣魚，無論運氣好壞，你都堅持兩小時，為何不趁時機好的時候多釣一點呢？」

「哦？我為什麼要釣那麼多魚？」老翁反問道。

「吃不完賣錢啊。」富翁開始有點懷疑老翁的智商了。

「那我為什麼要賺錢？」

「買大網、釣大魚、賺大錢。」

「為什麼要賺那麼多錢？」

「錢多了買船啊，有船了出海去捕魚啊。」這個富翁貌似還很專業。

「那為什麼我要那麼多錢？」

「買更多的船啊，組船隊啊！這不順理成章的事，越賺越多。」富翁開導中。

「然後呢？」老翁目光注視著平靜的水面。

「哈！可以成立一個遠洋公司，那你就不用出海了，你的商船將跑遍大洋，滿載七大洲的貨物，賺取外國人的鈔票。心情好就去國外看月亮，看看有沒有比較圓，你也可以去斐濟觀光，去釣魚、看沙灘美女、晒太陽、睡覺，說實話，我打算下個週末去。」富翁形容得眉飛色舞，手舞足蹈。

「那究竟為什麼要賺這麼多錢？」

「你還不明白嗎？賺錢當然是為了享受啊，如果你按我說的去做，或許你能趕得及在見上帝之前和我一樣去斐濟晒太陽。」富翁得意的說道。

「哦？那你以為我現在在做什麼？」老翁已經收拾好了漁具，準備回家，這一天的收穫真是匪淺啊。

「我平日裡也只是釣釣魚、晒太陽，早起看日出、觀朝霞、數白鷗，黃昏來時，暫留沙灘，垂我九尺竿，坐我釣魚台，來戲海獸，願者上鉤。長風聚波，萬里飛雲，與之相看兩不厭，莫不快哉。」老翁大笑，輕輕的一揮衣袖，踏沙而去，只留給沙灘一個長長的背影。

富翁啞然，海風吹亂他的頭髮，這時，夕陽已漸漸沉入水底。

我們在這世間忙忙碌碌，美好的時光如白駒過隙，稍縱即逝，難以再續，不懂得享受生活就是在糟蹋自己的人生。如果不能改變目前的狀態，就要學會改變自己的心態，樂觀的面對生活，有人說生活是面鏡子，你對它笑，它就對你笑，你對它哭，你就對你哭。

財富箴言：

美國福特汽車公司前任董事長小威廉．福特（William Ford Jr.）如是說：「我花費一生中大把的時間和福特公司及其他公司的高層主管打交道，在這種環境中成長的我，擁有一般人沒有的優勢是：『我能看到那些董事在犯錯時的表現，並以此提醒自己。』」

深知「舌頭」是善惡之源的僕人塔拜

神賜給人們兩隻眼睛兩隻耳朵一張嘴，就是要人們多看多聽少說話，觀察和傾聽比訴說更有分量。

猶太人很注重語言的藝術和殺傷力，在說話時一般有著較強的自我控制能力，他們認為說出去話如同潑出去的水，覆水難收，惡言亦如是。

有一位叫西蒙·本·噶瑪爾的拉比，有一天，他吩咐僕人塔拜去市場買一些好東西。塔拜從市場回來後，只買了一個舌頭。

西蒙拉比吩咐僕人塔拜說：「這次你再去市場上看看有哪些不好的東西，看好了買回來。」

塔拜回來後，依舊買了一個舌頭。

西蒙拉比生氣的說：「你在做什麼?我讓你去市場買好東西，你就給我帶一個舌頭;我讓你去買不好的東西，你還是買個舌頭，什麼意思呢？」

僕人塔拜恭敬的回答說：「禍從口出。舌頭乃善惡之源，它要對你好，世上就沒有比它更好的了；它要對你壞，世上也少有比它更壞的了。」

正因為這樣，《猶太法典》便告誡人們說：

「不要喋喋不休，更不要讓你聽過的話低於你說過的話的兩倍。」

猶太人的生活經驗是，蠢人總是把自己的智商暴露在嘴上，聰明賢達的人善於把自己的知識隱藏起來。所以，猶太人有句話是這樣說的：「如果你想活得不那麼蠢，就該用你的鼻子呼吸新鮮空氣，而不要老是張著嘴。」

大多數的猶太人都喜歡那些懂得傾聽的人，厭惡那些愛說廢話毫無內涵的人，人以類聚，物以群分，莫不如是，懂得傾聽的人在一起總是比較舒服的。

善於傾聽的人更容易受到猶太人的信任，他們會流露出自信與知性；相反，那些廢話連篇急於表現的人，更顯得自己的無知和愚昧。猶太人俗語云：「愚人欲揚雲中聲，智者不語眼中明。」

猶太教的教義裡認為，要讓自己的舌頭適應沉默的力量，這對自己的人生很有幫助。《猶太法典》裡更是直截了當的告誡人們要「像對待珍寶一樣，時時看好自己的舌頭，謹慎使用」。

猶太人認為舌頭的力量很大，勝似刀劍，無論你高低貴賤，都應該慎重使用，不然傷人傷己，這種傷害還無法挽回，不到關鍵時候，絕不在言語上與人糾纏。

「沉默是金，雄辯是銀。」猶太人認為雄辯不如沉默，多說無益，沉默是最好的語言。

在日常的工作和生活中，你我也討厭那些只知道誇誇其談、紙上談兵的貨色，他們還不如不說話，埋頭苦幹的好。在猶太人的思想裡，飯不可以亂吃，話更不可以亂說，說話前要仔細的斟酌語言，如果把話比作治病救人的藥，那麼多一分也不行，合適的劑量才能達到治病的效果，多了反而成了毒，把事情搞砸。

所以，猶太人成為了一個高度重視言語的民族，相對於其他民族較為節約口舌，不打口水仗。關於言語，猶太人還有其他的告誡：

「沒有骨頭的舌頭，應當特別小心。」

「舌頭當聽從心的指揮，不能讓心聽從舌頭的指揮。」

有人開玩笑說，《猶太法典》之所以有如此多有關「舌頭」的忠告，肯定是因為愛饒舌而栽跟頭的猶太人太多了。無論如何，少說話、學會傾聽一定是沒壞處的，這也是猶太人為人處世的一條重要祕訣。

財富箴言：

世界一直在變，雖然誰也不知道未來會發生什麼，還是要先了解目前的現狀，接受這個世界的改變，承認未來世界出現變異，改變觀點，與時俱進。第一個獲得成功的人往往是那些願意接受改變的人。

不斷激發自己潛能的猶太人保羅

一個人的能量是不能以目前的現狀來進行估量的，當日吳下阿蒙也有白衣渡江奇襲荊州的時候，所以，永遠不要低估他人，也不要輕視自己。不斷超越自己，才能在人生的路上走得更穩更長。

保羅·紐曼是一名在美國俄亥俄州出生的猶太人，保羅的父親是做體育器材的小商人，他的母親熱衷於音樂修養及藝術創造，受母親的影響，保羅也喜歡表演，在他大學期間參加演出了十幾部舞台劇，畢業後就在父親的店裡幫忙，日子過得平淡普通。如果按照這樣的生活軌跡，說不定以後就成為了一個成功的猶太商人，可是這樣的生活對於保羅來說太過乏味，不想把一輩子時間就這麼揮霍的他，毅然而然的把店子給賣了，就此進入演藝圈。一段時間後，在一九八七年，保羅憑藉在《金錢本色》當中的出色表現一舉拿下了奧斯卡金像獎。從商人到藝人的轉變，保羅點亮了人生的另一片天空，能在陌生的領域獲得成功，也是因為他有這方面的實力，並毫無保留的表現出來了。

在演藝界取得的傲人成績並沒有埋沒保羅的潛能和雄心，在一九八二年的時候，一次偶然的接觸使保羅深深喜歡上了一種拌麵用的醬汁，這種新鮮的食品在曾經從商的保羅眼裡具有龐大的商機，於是保羅便和朋友一起投資建立了公司，開發起這種新食品，又從一名藝人轉變成企業家，最終越做越大，成為了美國的食品大王。

保羅·紐曼的人生經歷是十分壯麗，他從一名小商人轉變成演員，然後做到了演員的極致，成為了天王巨星，不甘寂寞的他又從天王巨星轉變為企業家，又在這一領域達到了一個新的高度，成為了一代「食品大王」。保羅的事蹟告訴人們，唯有不斷挑戰自我，超出自我的極限，去嘗試新的事物，方可為生命提供源源不斷的創造力，在有限的範圍內挖掘出最大限度的潛力。

每個人來到世上，上帝都會賜予他一些生存的技巧和天賦，幫助他在人間走完美好的一遭。有的人透過努力學習將自己的才能挖掘出來了，成就一番事業；大多數人卻惶惶度日，既不自信，又十分懈怠，以致荒廢了才能，空嘆歲月無情，一事無成。

財富箴言：

生活最大的意義是能夠去做自己想做的事，這樣才會感到幸福。如果生活總是逼迫我們去做一些不能取悅自己的事情，無法去做自己真正喜歡做的事，那麼生活將失去色彩。其實每個人都有能力去完成自己想做的事，需要努力奮鬥和擁有自信。做自己喜歡做的事，才能發揮出自己最大的實力。

知足常樂的猶太人

知足常樂是人生的一種境界，人的欲望是無止盡的，能做到知足常樂，才能與世無爭，這也是一種大智慧的表現。

生活本無定義，但是人們會為其賦予自己的定義。生活的存在即感知的存在，每一次的經歷、記憶，每一次的哭泣、欣喜，每一次的相聚、分離，都是生活。

猶太族有古語云：

顛覆之時兮，復有建設之日兮；

偶有哭泣之時，亦循歡笑之來時；

哀號之日衰，舞蹈之日盛；

投石之初，收石為終；

故有擁抱之時，亦有分離之時；

將有尋獲之時，不患失落之時；

有守護之時，有遺棄之時；

賜降生於世，亦不免黃泉之旅；
莫失播種之春，便有收割之秋；
可奪殺戮之刀，造懸壺之刃；
縱有撕裂之時，亦有縫合之時；
徒羨沉默之眉眼，勝言笑之晏晏；
不以愛戀之衷，添憎恨之嫌；
惜戰爭之無常，識和平之有數。

生活之中，原本平淡無奇，這是大多數人生活的真實情況，不要抱怨上帝沒有給予你富足的物質生活，生活的不公乃是人為造成的，每個人都有改變自己生活的能力，不要因為現狀不理想而放棄自己的理想，也要適當抑制自己的欲望，在前行中保持心態的平衡。

阿卡馬雅·本·瑪哈拉雷爾是猶太人中的大智慧者，他流傳下來這樣一句話：

「人生來一絲不掛，死的時候也是一樣無所牽掛。」

當今社會裡，物欲橫流、燈紅酒綠、聲色犬馬、紙醉金迷，地位有高低，富貴有等級，人比人氣死人，每個人都該學會自足，把自己置於更廣闊的背景下，以接受目前的狀況。這也算是一種自我安慰，不至於怨天尤人、自暴自棄。

夏天的時候，漫山遍野的綠，從腳下鋪到天邊，晴朗的陽光下，樹木都泛出了耀眼的綠光，南風吹拂，草木的清香襲來，沁人心脾。

這樣的日子裡，一隻吃飽了出來散步的狐狸，在這片綠野上偶然發現了一座葡萄園。

這座葡萄園被籬笆包圍著，狐狸圍著轉了好幾圈終於發現了一個洞口。

只是這個洞口太小了，明顯不是為狐狸而設的，狐狸拼了命也只能鑽進去一半，牠的大肚子始終在籬笆吹風。

狐狸十分沮喪的走了：「或許這裡的葡萄還沒熟、很酸吧！唉！最近太少運動了，不適合做鑽洞這種劇烈運動。」

同伴聽了牠的遭遇後，表示要鑽進去並不難。

問清路線的同伴隻身來到葡萄園，費勁力氣也沒鑽進去，還掉了一肚子毛。

累得半死的狐狸不甘心就這樣回去遭受恥笑，於是想了一個辦法：瘦身！

牠在洞口守了三天三夜，不吃一點東西，餓得皮包骨，頭暈眼花的鑽進了葡萄園。

進了葡萄園的狐狸開始大吃特吃，不枉牠餓了三天三夜，牠只知道這葡萄是甜的！

這樣沒過多久，牠就把自己養得又肥又壯，想著回去向同伴炫耀。

牠再次來到洞口時，又餓了三天三夜，又是一陣頭暈眼花，勉強爬出葡萄園。

臨別時，看著這座讓牠沮喪、讓牠幸福、讓牠快樂、讓牠崩潰的葡萄園，狐狸感慨道：「園兮園兮，中有葡萄兮，園兮園兮，其何美兮，葡萄之實，不可多得兮，三日之累，不敢再望兮，園兮園兮，其誰與享兮。」

狐狸的這種遭遇對於世界上其他人來說也是一樣，人們希望能一直享受，事實上這是無法滿足的，沒有誰能一直走大運，生命裡總有些苦難在等著有人承受。

這世間的歡樂如同廣告，總是不停歇的，只是每次都要換個頻道，沒有誰能一直擁有它。所以，在滿足欲望時，要懂得適可而止，水滿則溢，月盈則虧，知足為善。

財富箴言：

工作上不要為昨天的事情掛懷，每天都是新的一天，只有做好今天的事，才能讓明天不再擔心昨天以及後天表現。

熱愛音樂的猶太人和大衛王

猶太人是一個懂得生活的民族，即是一個懂得音樂的民族，自古以來，猶太人就以善於音律而聞名於世，音樂在猶太人的生活中不可或缺。

猶太音樂有著濃厚的歷史感和民族氣息，自從這個飽受磨難的民族有歷史以來，幾乎就一直在躲避災難，在漫長的流亡時光裡，猶太民族並沒有從歷史上消失，驅逐也罷，屠殺也罷，迫害也罷，猶太民族受了非人的待遇，讓自己的筋骨更強健，耳目更靈敏，頭腦更發達，反而越來越強大、越來越昌盛。這是因為猶太人的宗教信仰和民族精神，為這個民族提供了生存所需要的信心和智慧，猶太音樂與之神密切相關，是不可缺少的一部分。

摩西是猶太人偉大的先知，根據傳說，上帝曾經讓摩西寫下一首歌來教導以色列人，這首歌將預言以色列人的不幸遭遇，必然要使猶太人信服，並世代傳誦下去，永記不忘。據歷史記載，猶太的大衛王就是一個很有音樂修養的詩人，他的作品字句優美、氣勢不凡；他譜出來的樂章也是那麼恢弘大氣，值得一聽；他還會製作樂器，兼有歌手和琴師的身分，可謂多才多藝。最廣為流傳的是他為三位戰死的王子所作的哀歌，真情實意，感人肺腑。在他的時代裡，推動了猶太音樂事業的發展，他聘請了許多音樂教士，舉辦很多音樂活動，教化民眾，音樂成了普及教育，他更著重於培養猶太兒童的音樂素養，使他們能夠具有靈性，獨立處事，學會感恩，提高修養，專注內涵，陶冶情操，繼承傳統。

音樂在猶太人的宗教裡享有很高的地位，猶太人在讀書之餘，最重要的事就是學習音樂方面的知識。猶太人似乎特別鍾愛小提琴，知名小提琴家輩出，以至於小提琴成了猶太民族的一種符號，世界頂尖的小提琴家帕爾曼、明茲、祖克曼等都是猶太人。猶太人當中還出現許多音樂家，為世人提供了精神補給，在音樂史上也有著深遠的影響。

音樂的作用非常大，在很久之前人們就已經發現音樂可以用來調節情緒和幫助減輕病痛。這些年來，音樂療法的越來越普及，它的本質是心理治療法。透過音樂療法，可以使高血壓病人血壓降低，可以代替麻醉劑幫助醫生拔牙，甚至還可以提高雞蛋和牛奶的產量。音樂之所以有這方面卓有功效，是因為它能對人的大腦皮層產生刺激，改變腦電波，達到調節情緒的目的。

音樂也能鍛鍊記憶力，許多人早期接受的音樂教育到老了仍然記得，一段旋律一段往事，半句歌詞半篇回憶，始終難以忘懷。國內外許多音樂家都推薦兒童儘早接受音樂的洗禮，開發大腦，培養孩子的想像力。愛因斯坦小時候的表現十分笨拙，只有聽到音樂的時候才會神情專注、一心一意的傾聽，最後他成了科學界的泰斗。

猶太人的音樂裡飽含著千年的辛酸和苦難，因此他們的音樂作品多憂鬱、傷感，而又不乏希望，既簡約又不乏細膩和浪漫，獨特的民族性使其音樂獨樹一幟，猶太人把宗教教義當成聖歌來傳誦，民族音樂源遠流長，又使之與猶太民族共存亡。

猶太音樂最大的特點就是有著極強的宗教性質，與其他民族的音樂相比較最為明顯。猶太人認為音樂是上帝的神諭、是上帝在世間的聲音、是猶太教義精髓的所在、是與上帝對話的方式。因此，猶太人很在意自身與音樂的交流，當做是聆聽猶太教的教誨。

由於種種原因，猶太人對音樂十分重視。拉比曾告誡猶太家長，不要害怕孩子痴迷音樂，學習音樂勝過死讀書。事實上，學習音樂可以培養美感，增強對美的認識，發展出自己的個性，在欣賞音樂時完善自我。音樂作品所表現的情感和意境需要極強的領悟力去感受，在進行藝術再現的時候，更需要協調和統一，傾聽音樂能產生一系列的聯想和感悟，對培養想像力和理解力很有幫助。音樂往往能給人很大的想像空間，可以讓自己的思想四處翱翔、不受拘束。傾聽音樂，熱愛生活。

財富箴言：

生命的權利即致富的權利，人生在世有權使用滿足生命所需要的一切資源，所使用的方式方法就是致富的途徑。

快樂生活的萊迪亞

生活不會總是一帆風順，難免出現一些波折，面對困難時，不拋棄不放棄，豁達如失馬的塞翁，學會換個角度來看生活，也許會發現從來沒見過的美麗風景。

快樂的生活也是猶太人生活祕訣之一，保持良好的心態，寵辱不驚，笑傲人生。

猶太人萊迪亞學畫多年，小有成就，她是一個快樂的文藝青年，畫風犀利，透過繪畫來表達自己的內心世界。即使沒人能看懂她的畫、賣不出價錢，她依然畫著自己的世界，並不沮喪。

一天，朋友們一起去買彩票，在大家的慫恿下，萊迪亞也花兩塊錢買了一張。

到了開獎日期，居然中了，獎金多達五十萬。

朋友們紛紛來祝賀，又問道：「妳這個走運的傢伙，妳現在還畫畫嗎？」

萊迪亞笑著說：「我呀，現在畫支票的數字就夠了。」

有了錢，萊迪亞就搬出了原來的畫室，購買了一棟漂亮的別墅，豪華裝修，內部裝飾極盡奢華，但是又不失品味，古董吊燈照亮鋪滿阿富汗地毯的客廳，原木櫥櫃裡裝著精美的餐具，吧台上有陳釀，窗戶上雕著花，陽光靜靜斜照進來，屋子裡的配置看起來很舒服很協調。

萊迪亞癱軟在自己的新家裡，享受這突如其來的舒適生活，她摸出一根香菸，嫻熟的點燃，一陣吞雲吐霧，一個人的房間裡，孤獨感襲來，她感覺少了點生氣，便扔掉菸頭，決定出門找朋友玩，還像之前在那間石頭畫室一樣的作風。

被拋棄的菸頭比萊迪亞更孤獨，在華麗的地毯上看著自己的生命伴著縷縷青菸慢慢消散，不甘寂寞的它蠱惑身下的地毯陪它一起燃燒，接著桌椅沙發也加入了燃燒軍團，不久之後，整棟別墅都在狂歡。火光裡，漂亮豪華的別墅化為了一堆廢墟。

得知這個消息，朋友們都來安慰萊迪亞。

「萊迪亞，妳這個倒楣鬼，對於妳的不幸我們表示深切的同情。」朋友們說。

「哈哈，哪有什麼不幸啊。」萊迪亞說。

「損失多慘重啊，萊迪亞，妳看，現在什麼都沒有了。」

「損失什麼？兩塊錢而已。」萊迪亞笑得很大聲。

猶太人認為，金錢乃身外之物，不要將財產過分看重，有得有失才是自然法則。做一個快樂的人，切忌貪婪，人生的境界將變得開闊，生活也就不那麼艱難了。

猶太人在流亡世界的兩千年裡，生存不易，竭力追求財富的同時也強調心態的重要，不要為金錢所拖累，快樂的生活是自信的源泉，懂得如何快樂的生活才算是享受人生。

財富箴言：

一個人獨處的時候是很好的時光，在幽靜昏暗的環境裡，讓那些曾經羞於啟齒的心事都浮現在你的周圍，把那塵封已久的記憶和思想拿出來晒晒，沉思過後會得到許多新的思想。

電子書購買

國家圖書館出版品預行編目資料

猶太心機：鍛鍊精準投資眼力，成為商場大戰最終贏家 / 溫亞凡，才華著. -- 第一版. -- 臺北市：崧燁文化事業有限公司，2021.05
面； 公分
POD 版
ISBN 978-986-516-625-0(平裝)
1. 企業管理 2. 成功法 3. 猶太民族
494 110004736

猶太心機：鍛鍊精準投資眼力，成為商場大戰最終贏家

臉書

作　　者：溫亞凡，才華　著
發 行 人：黃振庭
出 版 者：崧燁文化事業有限公司
發 行 者：崧燁文化事業有限公司
E-mail：sonbookservice@gmail.com
粉 絲 頁：https://www.facebook.com/sonbookss/
網　　址：https://sonbook.net/
地　　址：台北市中正區重慶南路一段六十一號八樓 815 室
Rm. 815, 8F., No.61, Sec. 1, Chongqing S. Rd., Zhongzheng Dist., Taipei City 100, Taiwan (R.O.C)
電　　話：(02)2370-3310　　**傳　　真**：(02) 2388-1990
印　　刷：京峯彩色印刷有限公司（京峰數位）

定　　價：350 元
發行日期：2021 年 05 月第一版
◎本書以 POD 印製